U0323647

陵川县 耕地地力评价与利用

贺玉柱　主编

中国农业出版社

内容简介

本书是对山西省陵川县耕地地力调查与评价成果的集中反映。是在充分应用"3S"技术进行耕地地力调查并应用模糊数学方法进行成果评价的基础上，首次对陵川县耕地资源历史、现状及问题进行了分析、探讨，并应用大量调查分析数据对陵川县耕地地力、中低产田地力、耕地环境质量和果园状况等做了深入细致的分析。揭示了陵川县耕地资源的本质及目前存在的问题，提出了耕地资源合理改良利用意见，为各级农业科技工作者、各级农业决策者制订农业发展规划，调整农业产业结构，加快绿色、无公害农产品基地建设步伐，保证粮食生产安全，科学施肥，退耕还林还草，进行节水农业、生态农业以及农业现代化、信息化建设提供了科学依据。

本书共七章。第一章：自然与农业生产概况；第二章：耕地地力调查与质量评价的内容与方法；第三章：耕地土壤属性；第四章：耕地地力评价；第五章：中低产田类型分布及改良利用；第六章：耕地地力评价与测土配方施肥；第七章：耕地地力调查的应用研究。

本书适宜农业、土肥科技工作者以及县、乡（镇）从事农业技术推广与农业生产管理的人员阅读。

编写人员名单

主　　编：贺玉柱

副 主 编：王兴义　薛玉红

编写人员名单（按姓名笔画排序）：

丁　炜　王兴义　王培蕾　王银屯　王慧杰
仇书青　刘保生　杜爱军　李翠玲　杨扎根
杨红梅　张君伟　张雪英　陈树锋　赵建明
姚广富　贺玉柱　郭玉亮　康　宇　程银龙
焦治莲　靳春娥　靳彩玲　薛玉红　魏玉清

农业是国民经济的基础，农业发展是国计民生的大事。为适应我国农业发展的需要，确保粮食安全和增强我国农产品竞争的能力，促进农业结构战略性调整和优质、高产、高效、安全、生态农业的发展，针对当前我国耕地土壤存在的突出问题，2007 年在农业部的安排部署下，陵川县被确定为测土配方施肥项目县，根据《测土配方施肥技术规范》，积极开展测土配方施肥工作，同时认真实施耕地地力调查与评价。在山西省土壤肥料工作站、山西农业大学环境资源学院、晋城市土壤肥料工作站、陵川县农业局广大科技人员的共同努力下，2010 年完成了陵川县耕地地力调查与评价工作。通过耕地地力调查与评价工作的开展，摸清了陵川县耕地地力状况，查清了影响当地农业生产持续发展的主要制约因素，建立了陵川县耕地地力评价体系，提出了陵川县耕地资源合理配置及耕地适宜种植、科学施肥及土壤退化修复的意见和方法，初步构建了陵川县耕地资源信息管理系统。这些成果为全面提高陵川县农业生产水平，实现耕地质量计算机动态监控管理，适时提供辖区内各个耕地基础管理单元土、水、肥、气、热状况及调节措施提供了基础数据平台和管理依据。同时，也为各级农业决策者制定农业发展规划、调整农业产业结构、加快绿色食品基地建设步伐、保证粮食生产安全以及促进农业现代化建设提供了最基础的第一手科学资料和最直接的科学依据，也为今后大面积开展耕地地力调查与评价工作，实施耕地综合生产能力建设，发展旱作节水农业、测土配方施肥及其他农业新技术普及工作提供了技术支撑。

《陵川县耕地地力评价与利用》一书，系统地介绍了耕地地力评价的方法与内容，应用大量的调查分析资料，分析研究了陵川县耕地资源的利用现状及问题，提出了合理利用的对策和建议。该书集理论指导性和实际应用性为一体，是一本值得推荐的实用技术读物。我相信，该书的出版将对陵川县耕地的培肥和保养、耕地资源的合理配置、农业结构调整及提高农业综合生产能力起到积极的促进作用。

王高勇

2012年12月

前言

耕地是人类获取粮食及其他农产品最重要、不可替代、不可再生的资源，是人类赖以生存和发展的最基本的物质基础，是农业发展必不可少的根本保障。新中国成立以来，山西省陵川县先后开展了两次土壤普查。两次土壤普查工作的开展，为陵川县国土资源的综合利用、施肥制度改革、粮食生产安全做了重大贡献。近年来，随着农业、农村经济体制的改革以及人口、资源、环境与经济发展矛盾的日益突出，农业种植结构、耕作制度、作物品种、产量水平，肥料、农药使用等方面均发生了巨大变化，产生了诸多如耕地数量锐减、土壤退化污染、次生盐渍化、水土流失等问题。针对这些问题，开展耕地地力评价工作是非常及时、必要和有意义的。特别是对耕地资源合理配置、农业结构调整、保证粮食生产安全、实现农业可持续发展有着非常重要的意义。

陵川县耕地地力评价工作，于2007年3月底开始到2009年10月结束，完成了陵川县7镇5乡378个行政村的45.6万亩耕地的调查与评价任务，两年半共采集土样5 500个，调查访问了5 500个农户的农业生产、土壤生产性能、农田施肥水平等情况；认真填写了采样地块登记表和农户调查表，完成了5 500个样品常规化验、中微量元素分析化验、数据分析和收集数据的计算机录入工作；基本查清了陵川县耕地地力、土壤养分、土壤障碍因素状况，划定了陵川县农产品种植区域；建立了较为完善的、可操作性强的、科技含量高的陵川县耕地地力评价体系，并充分应用GIS、GPS技术初步构筑了陵川县耕地资源信息管理系统；提出了陵川县耕地保护、地力培肥、耕地适宜种植、科学施肥及土壤退化修复办法等；收集资料之广泛、调查数据之系统、成果内容之全面是前所未有的。这些成果为全面提高农业工作的管理水平，实现耕地质量计算机动态监控管理，适时提供辖区内各个耕地基础管理单元土、水、肥、气、热状况及调节措施提供了基础数据平台和管理依据。同时，也为各级农业决策者制定农业发展规划、调整农业产业结构、加快绿色食品基地建设步伐、保证粮食生产安全、进行耕地资源合理改良利用、科学施肥以及退耕还林还草、节水农业、生态农业、农业现代化建设提供了最基础的第一手科学资料和最直接的科学依据。

为了将调查与评价成果尽快应用于农业生产，我们在全面总结陵川县耕地地力评价成果的基础上，引用大量成果应用实例和第二次土壤普查、土地详查有关资料，编写了《陵川县耕地地力评价与利用》一书，首次比较全面系统地阐述了陵川县耕地资源类型、分布、地理与质量基础、利用状况、改善措施等，并将近年来农业推广工作中的大量成果资料录入其中，从而增加了该书的可读性和可操作性。

在本书编写过程中，承蒙山西省土壤肥料工作站、山西农业大学资源环境学院、山西省农业科学院土壤肥料研究所、晋城市土壤肥料工作站、陵川县农业委员会等单位给予了热忱帮助和支持。特别是程银龙、郭玉亮、王云龙、靳天忠、靳春娥、姚广富、路何富、王培雷、刘保生、石斗安、石银锁、高文斌、王安珠、牛秋发、王跃义等乡（镇）农科员在土样采集、农户调查等方面做了大量工作。本书共七章，第一章、第二章由焦治莲编写，第三章、第四章、第五章、第六章由李翠玲编写，第七章由杜爱军编写。县农委王兴义主任在本书编写过程中给予了高度重视和大力支持，县农业委员会分管领导薛玉红对本书修改提出了宝贵意见，本书初稿经原农业局技术站站长、第二次土壤普查负责人王银屯同志逐章审阅。在此一并致谢。

编　者

2012年12月

目录

第一章　自然与农业生产概况

第一节　自然与农村经济概况

一、地理位置与行政区划

陵川县位于山西省东南部，晋城市东北边缘，县城距离晋城市区 56 千米；地理坐标为：北纬 35°25′～35°54′，东经 113°1′～113°37′；西南靠晋城市泽州县，西连高平市，西北接长治县，北接壶关县，东与河南省辉县市接壤，东南与河南省修武县相连；东西宽 53.2 千米，南北长 52.8 千米，疆界总长 211 千米，国土总面积 1 751 千米^2。

全县共辖 7 镇、5 乡，共 12 个乡（镇），371 个行政村，7 个居民社区，2008 年末，全县共有 77 018 户，25.50 万人，其中农业人口 22.63 万人，占总人口的 88.77%。细情况见表 1－1。

表 1－1　陵川县行政区划与人口情况

乡（镇）	村民委员会（个）	总户数（户）	总人口（人）	农业人口（人）
崇文镇	55	21 389	62 369	43 240
礼义镇	34	9 632	31 325	28 714
附城镇	46	9 059	32 470	30 626
平城镇	26	6 993	25 538	23 978
杨村镇	19	4 364	16 792	16 348
西河底镇	27	5 752	20 657	20 039
潞城镇	44	4 801	16 112	15 630
夺火乡	17	1 536	5 225	5 072
马圪当乡	25	2 178	6 992	6 652
古郊乡	29	3 039	9 923	9 558
六泉乡	32	4 335	13 380	12 772
秦家庄乡	24	3 940	14 180	13 704
总计	378	77 018	254 963	226 333

二、土地资源概况

据 2008 年统计资料显示，陵川县国土总面积为 1 751 千米^2（折合 262.65 万亩*），

* 亩为非法定计量单位，1 亩＝1/15 公顷。考虑基层读者的阅读习惯，本书“亩”仍予保留。——编者注

其中：西部土石丘陵平川区 434 千米^2，占总面积的 24.8%，中部土石山区 457 千米^2，占 26.1%，东部石质山区 860 千米^2，占 49.1%。已利用土地面积为 231.9 万亩，占总土地面积的 88.3%；未利用土地面积为 30.7 万亩，占 11.7%。在已利用的土地面积中，农用地面积 223.1 万亩，占已利用土地面积的 96.2%；建设用地面积 8.85 万亩，占已利用土地面积的 3.8%。见表 1-2。

表 1-2　陵川县 2008 年土地利用情况

土地利用类型			面积（亩）	占总土地面积（%）	人均（亩）
已利用土地	农用地	耕地	455 973	17.36	1.79
		林地	1 345 412.3	51.22	5.28
		园地	54 497.9	2.07	0.21
		牧草地	235 070.7	8.95	0.92
		其他农用地	139 685.7	5.32	0.55
	建设用地	交通用地	5 777.2	0.22	0.02
		居民点及工矿用地	79 270.8	3.02	0.31
		水利设施用地	3 463.6	0.13	0.01
未利用土地		未利用土地	205 350.6	7.82	0.81
		其他土地	101 998	3.88	0.40

三、自然气候与水文地质

（一）气候

陵川县属暖温带半湿润大陆性季风气候区，境内地理条件特殊，形成不同的小气候差异。主要表现为：冬长夏短，春季冷暖多变、干旱多风，素有“十年九春旱”之说；夏季温热多雨，雨量分配不均；秋季温和，阴雨稍多；冬季寒冷干燥，雨雪稀少。

1. 气温　全县年平均气温 8.3℃。1 月份最冷，平均气温－5.6℃，极端最低气温－21.4℃（1984 年 12 月 18 日）；7 月份最热，平均气温为 20.7℃，极端最高气温为 34.4℃（1997 年 7 月 21 日），（如图 1-1 所示）。≥0℃积温为 3 369.2℃，≥10℃积温为 2 755.1℃。由于海拔悬殊，地形复杂，导致全县气温差别较大，由东北部向西南部递增，可分为 3 个区域：

（1）温暖区：主要分布在县境西部和西南部，包括礼义、附城、西河底、杨村 4 个乡（镇），年平均气温为 9℃左右；另外在马圪当乡的武家湾河下游河谷以南古石、武家湾一带，香磨河下游东双脑附近，王莽岭山脚下的锡崖沟和古郊乡的抱犊沟，年平均气温约 10℃。

（2）低温区：在县境北部和东北部，包括平城、六泉以及崇文、古郊的大部，年平均气温 7.5℃。

（3）温凉区：年平均气温 8℃左右。

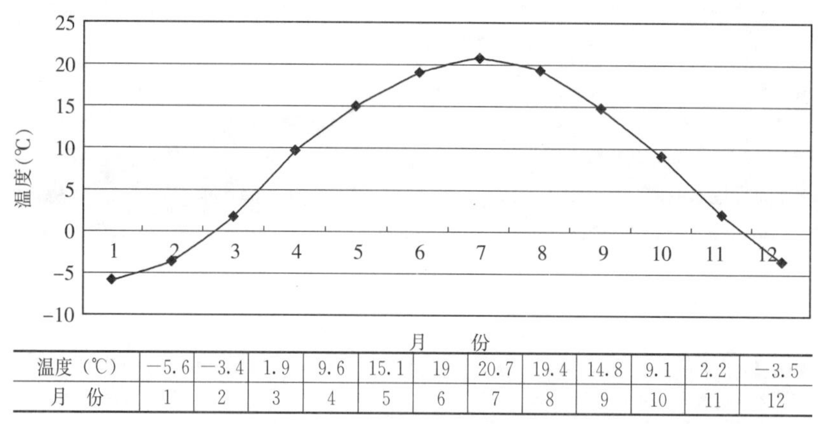

温度（℃）	−5.6	−3.4	1.9	9.6	15.1	19	20.7	19.4	14.8	9.1	2.2	−3.5
月　份	1	2	3	4	5	6	7	8	9	10	11	12

图 1－1　陵川县月平均气温

2. 地温　4～10 月份 10 厘米地温比气温高 1.4～2.4℃，其变化规律和气温基本一致，见表 1－3。在一般年份，10 月下旬至 11 月上旬开始封冻，3 月中下旬开始解冻，累年平均封冻期 180 天，冻土深度 40～50 厘米，极端冻土深度为 71 厘米。

表 1－3　陵川县 4～10 月份平均地温

深度（厘米）\ 月份	4	5	6	7	8	9	10	4～10 平均值
0	13.5	19.8	23.6	24.9	23.5	17.7	10.7	19.1
5	11.6	17.8	21.6	23.5	22.3	16.9	10.5	17.7
10	11.1	16.9	20.6	22.6	21.8	16.9	10.9	17.3
15	11.3	17.0	20.6	22.7	22.1	17.5	11.8	17.6
20	9.3	14.2	17.7	20.2	20.4	17.4	13.1	16.0

全县无霜期平均为 159 天，平均初霜期在 10 月上旬，终霜期在次年 4 月下旬，东部山区无霜期较短，西部平川区无霜期较长，东西相差 15 天左右，一般背阴坡比向阳坡初霜来得早。

3. 日照　年平均日照时数为 2 612.5 小时，日照百分率 59%。5 月份日照时数最多，为 271.7 小时，12 月份最少，为 198.7 小时。日平均日照时数 11～13 小时。光能资源比较丰富，但光能利用率低，据概算光能利用率仅有 0.4%～0.8%。

4. 降水量　全县年均降水量 606.5 毫米，历年各月降水以 7 月份最多，平均为 157.4 毫米，1 月份最少，平均为 5.9 毫米（见图 1－2）。全年降水夏季最多达 289.7 毫米，占全年降水的 47.8%；秋季次之，为 230.2 毫米，占全年降水的 38.0%；春季 55.7 毫米，占 9.2%；冬季最少 30.9 毫米，占 5.1%。降水季节变化明显。全县降水由东向西，由南到北逐渐减少。

5. 蒸发量　全县年均蒸发量为 1 578.3 毫米，是降水量的 2.6 倍。5 月份最大，平均为 251 毫米，也是造成全县十年九春旱的主要原因之一；1 月份最小，平均 48.4 毫米。见图 1－2。

6. 相对湿度　全年平均相对湿度 63%。各月随降水和气温的变化而变化，6 月份以后，降水天气增多，气温逐渐升高，相对湿度相应增大，8 月份出现最高点，相对湿度为

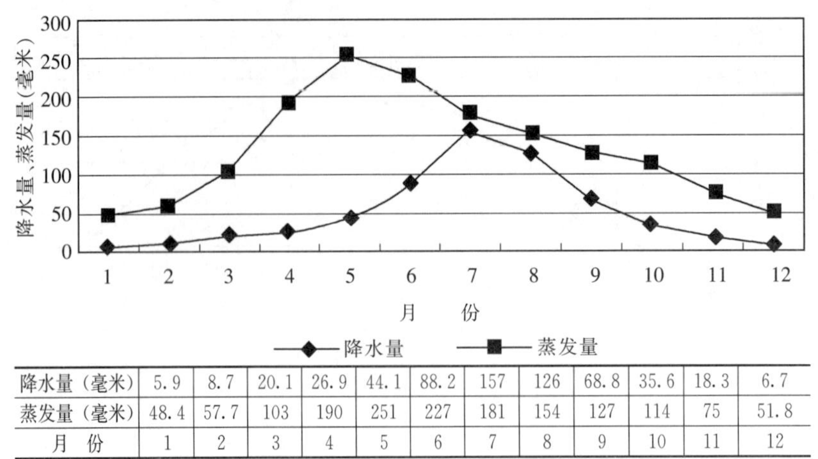

降水量（毫米）	5.9	8.7	20.1	26.9	44.1	88.2	157	126	68.8	35.6	18.3	6.7
蒸发量（毫米）	48.4	57.7	103	190	251	227	181	154	127	114	75	51.8
月　份	1	2	3	4	5	6	7	8	9	10	11	12

图 1-2　陵川县降水量、蒸发量曲线

80%，雨季过后，从 9 月份相对湿度逐渐下降。

7. 自然灾害　陵川县每年都有不同程度的旱、雹、风、洪、霜冻等灾害天气出现。其中干旱危害最大，素有“十年九旱”之称，尤其是春旱和伏旱，常造成播种出苗难和“卡脖子旱”；冰雹危害局部地区，每年会有不同地区遭受不同程度的雹灾；日降水量在 50 毫米以上的暴雨日数历年平均为 1.2 天，降水集中造成的洪涝灾害主要危害沟谷地带；霜冻在东部地区和西部蔬菜种植区危害较重。

＊ 以上气象数据引自 1971—2000 年气象资料。

（二）地形地貌

陵川县地处太行山南端，太行山脉由东北向西南蜿蜒起伏，西部处沁水盆地的东南边缘，造成了境内总体地势东北高西南低和“万峰环列”、“突中一窝”的地貌。海拔最高处板山主峰 1 791.7 米，最低点甘河破屋 628 米，平均海拔 1 275 米。根据地貌区划原则和标准，将陵川划分为 4 个地貌区（引自 1984 年陵川县土壤普查资料）。

1. 高中山区　分布于陵川东南部，面积 113.73 万亩，占总面积的 43.3%。地势呈东北向西南倾斜，境内有连绵不断的山峰，包括板山、佛山、锥山、老山等，是全县最高山峰，还有万丈深崖的山谷。组成物质以奥陶、寒武两个时期的灰岩为主，奥陶时的灰岩分布最广。由于该地区地质作用以强烈的侵蚀下切为主，形成了“V”字形的幼年山谷。山体特征为山大沟深，悬崖峭壁，岩层裸露，石山绵绵。本区只划分为一个亚区为剥蚀、侵蚀构造高中山区。

2. 中山区　本区面积 30.47 万亩，占总面积的 11.6%。按照外力作用的类型和强度不同，分为剥蚀侵蚀构造中山区和剥蚀构造中山区两个亚区。剥蚀侵蚀构造中山区分布于高山区的西北部，和低山区相连，形状呈条状。地势走向呈东北—西南向。组成物质以奥陶系灰岩为主，坡度较高中山区缓。剥蚀构造中山区分布于东部高、中山区的东南边缘，和河南搭界，山体多由震旦系各种砂页岩和寒武系灰岩组成，海拔高差较小，风化剥蚀作用强烈。其特点是：海拔较低，侵蚀严重，植被覆盖率低。

3. 低山区　分布于中部地区，面积 80.11 万亩，占总面积的 30.5%，本区上升较缓，外力作用以剥蚀面蚀为主，下切作用弱，沟谷多呈“U”形。组成物质也较为丰富，有奥陶系灰岩、石炭系砂页岩、第四系黄土、红黄土等母质。根据其外力作用的特点和物质组成分为4个亚区：一是剥蚀构造低山区。外力作用以剥蚀为主，组成物质主要属奥陶石灰岩，部分属石炭系的砂页岩，坡度较缓。二是侵蚀构造低山区。山顶和山坡为裸露奥陶系石灰岩或石炭系砂页岩，中下部有覆盖较厚的土层，常属于耕种山地褐土。三是山间缓平地。分布于沟谷沿岸，属坡面洪水搬运堆积而形成，地面较平，土体深厚，植被为农作物所代替。四是山间盆地。四面环山，地面平坦，土体深厚，土质均匀，土性良好，组成物质以洪积—淤积黄土为主。

4. 丘陵区　主要分布于西部的西河底、附城、礼义、杨村等乡（镇），面积38.08万亩，占总面积的14.5%。分5个亚区：一是剥蚀丘陵区。多由石炭系砂页岩、二迭系砂页岩、奥陶系石灰岩等物质组成，外力作用以剥蚀为主，特点是：坡较陡，岩石裸露，山的中、下部有深厚的土层，是良好的耕作土壤。二是剥蚀堆积丘陵区。地面起伏较小，土石混存，但以土为主，侵蚀严重，常使土体侵蚀成为沟壑。三是侵蚀堆积丘陵区。以深厚的红黄土、黄土构造为主。境内多分布有梁、垣、台坪地、峁等黄土地貌类型，是侵蚀作用的结果。四是丘陵盆地。特征和山间盆地基本一致，但海拔较低。五是丘间缓平地。构造和物质组成与山间缓平地相同，只是海拔有差异，周围环境条件不一。

（三）岩石与母质

陵川县成土母质主要有以下几种。

1. 残积母质

（1）石灰岩风化物：在本县分布最广，面积最大，主要分布在陵川县东南部和晋陵公路以南的山地以及梁泉岭至秦家庄一带的山地，属于古生代奥陶系所形成的各种灰岩，主要包括泥灰岩、灰青皮灰岩、角闪状灰岩以及豹皮状灰岩等，由碳酸钙胶结而成，易风化，形成的土壤土层浅薄，质地较黏，颜色灰白色或灰黄色，石灰反应通体强烈，属碱性反应。

（2）砂页岩风化物：砂页岩风化物包括石炭系和二迭系所形成的灰白色石英砂页岩、褐色页岩、灰褐色页岩。其质地因砂岩和页岩所占比例不同而异，砂岩难风化，质地粗；而页岩易风化，形成的质地较细，养分含量也较高，但这种母质往往混合在一起，不易区别，在全县主要分布在晋陵公路以北的山坡、原庄岭以及平城、冶头一带。

2. 红土、红黄土、黄土及黄土状母质

（1）红土母质：属第三世纪沉积物，主要出露于山地缓坡或丘陵顶部，其颜色暗红，质地黏重，结构致密，土体中有明显的铁锰胶膜。在本母质类型上形成的土壤易耕期短，难耕作。

（2）红黄土（离石黄土）母质：主要分布于山地缓坡与丘陵的中上部，包括离石黄土和午城黄土，其质地较重，颜色红黄，易耕期较短，保水保肥能力较强。

（3）黄土母质：属第四纪马兰黄土，主要分布于中西部山地丘陵中、下部沟谷沿岸，以及东西两大河流的高级阶梯上。其特征为土体深厚、质地中壤、保水保肥、易耕易种。

（4）黄土状母质：黄土状母质属原生黄土，经水流搬运而形成。多分布于礼义、崇文等乡镇的山、丘小盆地，土壤质地因搬运物质不同而有差异，是陵川县适种范围最广，产量和效益最好的一种土壤。

3. 淤垫及近代沉积物母质

（1）沟淤母质：主要分布于山沟及丘陵沟谷底部，多属于洪水冲积、淤积而形成。

（2）洪淤积母质：主要集中分布在杨村、平城两地的山、丘底部，地势平缓，土层深厚，土壤肥力较高，适种广。

（3）堆垫母质：是人为堆垫形成的。其母质特征特性因堆垫的物质不同而有差异，质地随堆积物的不同而不一，通气透水良好，由于厚度不同，对农业生产的影响程度也不一样。

（4）近代沉积母质：由近代河流冲积、淤积而形成。主要分布于附城丈河的台北与马圪当乡古石—武家湾一带的宽阔山谷，由于地下水位较浅，土壤的发育受地下水影响较深，土体中氧化—还原反应交替进行，形成了黄色的锈纹锈斑特征。

（四）河流与地下水

陵川县境内河流分为丹河和卫河两个流域，分别隶属于黄河和海河两大水系。其中最主要的河流有5条：属于丹河流域的有廖东河（东大河）和原平河（西大河），属于卫河流域的有武家湾河、香磨河和北召河。如图1－3所示。全县有水资源62 872.62万米^3，年可利用量约为16 800米^3，是山西水资源较丰富的地区。

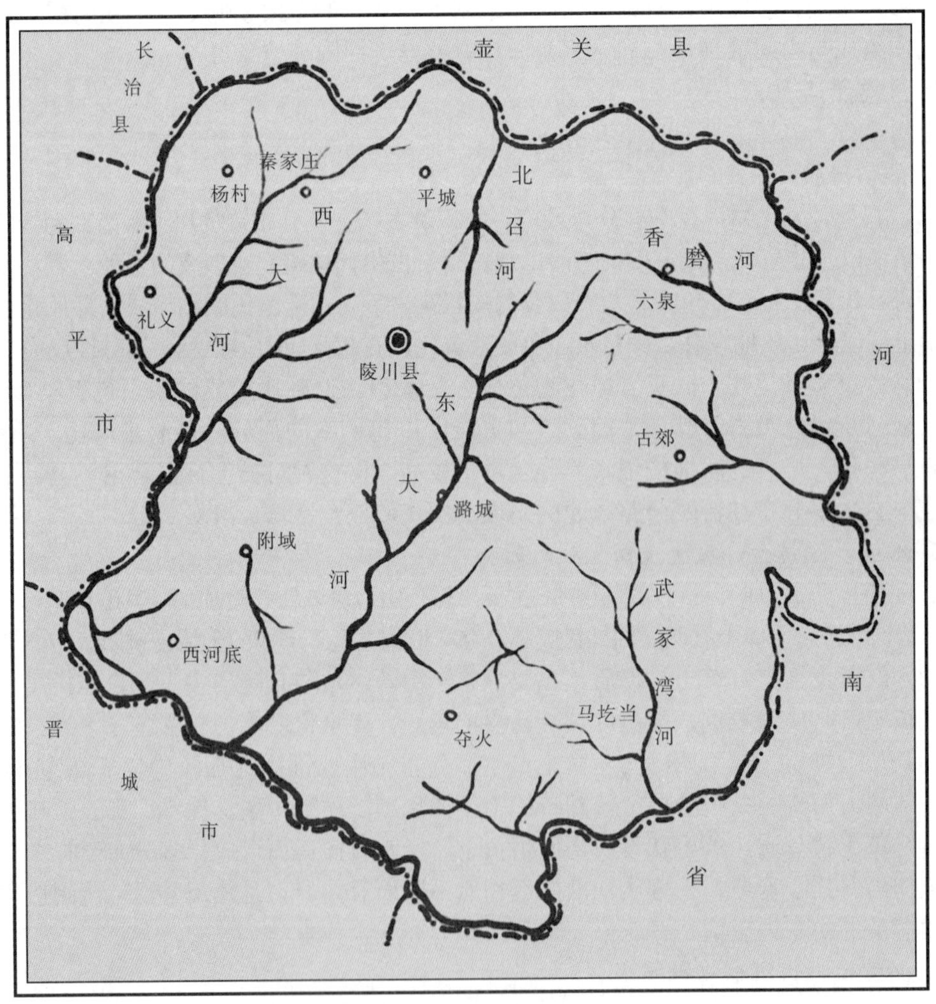

图1－3　陵川县水系分布示意

地表水：境内地表水年径流量 12 592.62 万米^3，其中 38.3%位于丹河流域。全县 5 条主要河流有 3 条为间歇性河流，天旱时基本断流，清水河流很少。全县建有中、小型水库 24 座，年蓄水 2 000 多万米^3。

地下水：地下水资源总量为 50 280 万米^3，等于地面水年径流量的 3.99 倍，而且遍布全县。据初步勘察，各河流域地下水的藏量为：廖东河 14 723 万米^3，原平河 9 366 万米^3，武家湾河 19 456 万米^3，香磨河 3 254 万米^3，北召河 1 632 万米^3，其他河 1 848 万米^3。这些地下水大部埋藏在深达 30～40 米的地层之内，水位很深。其地质又大都是坚而厚的岩层所构成，给开发和利用带来了一定困难。但在廖东河、原平河的下游水位较高，仅有 8～25 米，同时水质良好，极易发展井田灌溉。在武家湾河上游的古郊一带，廖东河上游的崇文附近，开发和利用较容易。

另外，在全县各地的许多活水井和废弃的煤井之中，也储藏着大量的地下水源，其含水层在由煤层和砂岩层所组成的地层之内，一般离地面有 10～20 米。

（五）自然植被

陵川县海拔悬殊，地形地貌错综复杂，自然植被种类、分布及覆盖程度随气候、地形、海拔等因素的变化而变化。植物种类比较多，全县有植物 1 200 余种，其中列入国家保护的珍稀植物 9 种，植被覆盖率较高。2008 年，全县国土绿化率 60.3%，其中森林面积 87.18 千公顷，森林覆盖率 51.15%。境内自然植被分布特点是：东南部石质山区主要为针阔叶林复合群落；中部土石山区多为灌木、草本混合植被；西部丘陵地带属旱生性农田野生草本群落。覆盖率由东南向西北逐渐降低。

（六）土壤分类

根据陵川县第二次土壤普查土壤分类分为两大土类，6 个亚类，25 个土属，53 个土种。根据山西省第二次土壤普查土壤分类分为四大土类，6 个亚类，14 个土属，29 个土种。详见表 1-4、表 1-5。

表 1-4　陵川县土壤分类系统表

序号	土种		土属		亚类		土类	
	代号	名称	代号	名称	代号	名称	代号	名称
1	B•a•2•023	深黏绵垆土	B•a•2	黄土状褐土	B•a	褐土		
2	B•c•5•056	沙泥质淋土	B•c•5	沙泥质淋溶褐土	B•c	淋溶褐土	B	褐土
3	B•c•7•062	黄淋土	B•c•7	黄土质淋溶褐土				
4	B•c•8•064	红黄淋土	B•c•8	红黄土质淋溶褐土				
5	B•e•2•073	薄沙泥质立黄土	B•e•2	沙泥质褐土性土	B•e	褐土性土		
6	B•e•2•074	耕薄沙泥质立黄土						
7	B•e•2•075	沙泥质立黄土						
8	B•e•2•077	耕砾沙泥质立黄土						

（续）

序号	土种		土属		亚类		土类	
	代号	名称	代号	名称	代号	名称	代号	名称
9	B•e•3•078	薄砾灰泥质立黄土						
10	B•e•3•079	耕薄灰泥质立黄土						
11	B•e•3•080	灰泥质立黄土	B•e•3	灰泥质褐土性土				
12	B•e•3•081	砾灰泥质立黄土						
13	B•e•3•082	耕灰泥质立黄土						
14	B•e•4•089	耕立黄土						
15	B•e•4•093	耕少砾立黄土	B•e•4	黄土质褐土性土				
16	B•e•4•094	耕底黑立黄土						
17	B•e•4•096	耕二合立黄土			B•e	褐土性土	B	褐土
18	B•e•5•102	红立黄土						
19	B•e•5•103	耕红立黄土	B•e•5	红黄土质褐土性土				
20	B•e•5•106	耕二合红立黄土						
21	B•e•7•112	耕洪立黄土	B•e•7	洪积褐土性土				
22	B•e•8•124	沟淤土						
23	B•e•8•126	底砾沟淤土						
24	B•e•8•129	夹砾二合沟淤土						
25	B•e•10•133	堆垫土	B•e•10	堆垫褐土性土				
26	F•a•1•213	大瓣红土	F•a•1	红黏土	F•a	红黏土	F	红黏土
27	F•a•1•214	耕大瓣红土						
28	K•b•1•241	薄灰渣土	K•b•1	钙质粗骨土	K•b	钙质粗骨土	K	粗骨土
29	N•a•2•268	洪潮土	N•a•2	洪冲积潮土	N•a	潮土	N	潮土

表1-5　陵川县土壤分类对照表

归属省级定名		土壤普查定名	
序号	省土种名称	序号	县土种名称
B•a•2•023	深黏绵垆土	AⅤ23-50	耕种重壤黄土状碳酸盐褐土
B•c•5•056	沙泥质淋土	AⅠ1-01	中层砂页岩质淋溶褐土
B•c•7•062	黄淋土	AⅠ2-02	中层黄土质淋溶褐土
		AⅠ2-03	厚层黄土质淋溶褐土
B•c•8•064	红黄淋土	AⅠ3-04	中层红黄土质淋溶褐土
		AⅠ4-05	薄层红土质淋溶褐土
		AⅠ4-06	厚层红土质淋溶褐土
B•e•2•073	薄沙泥质立黄土	AⅡ5-07	薄层少砾砂页岩质山地褐土

（续）

归属省级定名		土壤普查定名	
序号	省土种名称	序号	县土种名称
B·e·2·074	耕薄沙泥质立黄土	AⅡ6-09	耕种薄层中壤多砾砂页岩质山地褐土
B·e·2·075	沙泥质立黄土	AⅡ5-08	中层少砾砂页岩质山地褐土
B·e·2·077	耕砾沙泥质立黄土	AⅡ6-10	耕种中层中壤少砾砂页岩质山地褐土
		AⅡ6-11	耕种厚层轻壤砂页岩质山地褐土
		AⅡ6-12	耕种厚层中壤少砾砂页岩质山地褐土
B·e·3·078	薄砾灰泥质立黄土	AⅡ7-13	薄层少砾石灰岩质山地褐土
		AⅡ7-14	薄层多砾石灰岩质山地褐土
B·e·3·079	耕薄灰泥质立黄土	AⅡ8-18	耕种薄层中壤少砾石灰岩质山地褐土
B·e·3·080	灰泥质立黄土	AⅡ7-15	中层石灰岩质山地褐土
		AⅡ7-16	中层少砾石灰岩质山地褐土
B·e·3·081	砾灰泥质立黄土	AⅡ7-17	中层多砾石灰岩质山地褐土
B·e·3·082	耕灰泥质立黄土	AⅡ8-19	耕种中层中壤少砾石灰岩质山地褐土
		AⅡ8-20	耕种中层重壤少砾石灰岩质山地褐土
		AⅡ8-21	耕种中层中壤多砾石灰岩质山地褐土
		AⅡ8-22	耕种厚层中壤多砾石灰岩质山地褐土
B·e·4·089	耕立黄土	AⅣ17-38	耕种中壤深位厚卵石层黄土质褐土性土
		AⅣ17-39	耕种中壤黄土质褐土性土
B·e·4·093	耕少砾立黄土	AⅡ9-23	耕种薄层中壤少砾黄土质山地褐土
		AⅡ9-24	耕种中层中壤黄土质山地褐土
		AⅡ9-25	耕种厚层中壤黄土质山地褐土
B·e·4·094	耕底黑立黄土	AⅣ17-37	耕种中壤深位厚黑垆土层黄土质褐土性土
B·e·4·096	耕二合立黄土	AⅡ9-26	耕种厚层重壤黄土质山地褐土
B·e·5·102	红立黄土	AⅡ10-27	中层红黄土质山地褐土
B·e·5·103	耕红立黄土	AⅡ11-28	耕种厚层重壤红黄土质山地褐土
		AⅣ18-41	耕种中壤深位厚垆层红黄土质褐土性土
		AⅣ18-42	耕种中壤红黄土质褐土性土
B·e·5·106	耕二合红立黄土	AⅣ18-40	耕种中壤浅位薄层多料姜红黄土质褐土性土
		AⅣ18-43	耕种重壤红黄土质褐土性土
B·e·7·112	耕洪立黄土	AⅣ22-49	耕种中壤洪积——淤积褐土性土
B·e·8·124	沟淤土	AⅣ20-45	耕种中壤沟淤褐土性土
B·e·8·126	底砾沟淤土	AⅡ14-33	耕种中壤沟淤山地褐土
		AⅡ14-34	耕种中层重壤沟淤山地褐土
		AⅣ20-47	耕种中壤深位厚沙砾层沟淤褐土性土
B·e·8·129	夹砾二合沟淤土	AⅣ20-46	耕种中壤浅位厚沙砾层沟淤褐土性土

（续）

归属省级定名		土壤普查定名	
序号	省土种名称	序号	县土种名称
B·e·10·133	堆垫土	AⅡ15－35	耕种中层轻壤堆垫山地褐土
		AⅣ21－48	耕种中壤堆垫褐土性土
F·a·1·213	大瓣红土	AⅡ12－29	薄层红土质山地褐土
		AⅡ12－30	中层红土质山地褐土
F·a·1·214	耕大瓣红土	AⅡ13－31	耕种中层重壤红土质山地褐土
		AⅡ13－32	耕种厚层重壤红土质山地褐土
		AⅣ19－44	耕种重壤红土质褐土性土
K·b·1·241	薄灰渣土	AⅢ16－36	薄层石灰岩质粗骨性褐土
N·a·2·268	洪潮土	BⅥ24－51	中壤底砾浅色草甸土
		BⅥ25－52	耕种轻壤底沙砾浅色草甸土
		BⅥ25－53	耕种中壤底卵石浅色草甸土

四、农村经济概况

2008年，全县农村经济总收入204 274万元，其中农业收入33 969万元，占16.63%；林业收入2 437万元，占1.19%；畜牧业收入8 949万元，占4.38%；工业收入84 992万元，占41.61%；建筑业收入19 315万元，占9.46%；运输业收入29 772万元，占14.57%；商饮业收入11 147万元，占5.46%；服务业5 523万元，占2.70%；其他收入8 170万元，占4.00%。农民人均纯收入3 378元。

改革开放以后，农村经济有了较快发展。1979年全县农村经济总收入仅2 714.38万元，其中农业收入1 612.02万元、林业收入135.22万元、畜牧业收入51.17万元、副业收入638.24万元、其他收入83.97万元。农民人均纯收入73元。

2008年，农村经济总收入是1979年的75倍，其中农业、林业、畜牧业分别为21倍、18倍、175倍，总之各项指标均发生了翻天覆地的变化。

第二节　农业生产概况

陵川县是一个以山区为主的丘陵农业县，主要农作物有玉米、谷子、小麦、豆类、薯类、蔬菜等。土特产品有核桃、木耳、萝卜、虹鳟鱼、黄花菜、花椒、党参、黄连苦茶、红富士苹果、香椿、西河底小米等，尤其西河底小米、古郊木耳、马圪当花椒、六泉五花蕊党参以及平城马铃薯更是闻名三晋。

新中国成立以后，农业生产有了很快发展，特别是十一届三中全会以来，农村家庭承包经营责不断完善，党在农村各项强农惠农政策的出台和落实，农业科学技术的普及应用，极大地调动了农民的生产积极性，使农业生产效益逐年增加，全县的农业生产得到了迅猛发展。2008 年，全县粮食总产 115 894 吨，比 1979 年 66 360 吨增加 49 534 吨，增长率 75%；肉类总产 4 304 吨，比 1979 年 1149 吨增加 3 155 吨，增长率 275%；禽蛋总产 3 065吨，比 1979 年 606 吨增加 2 459 吨，增长率 406%；农业总产值 36 701 万元，比 1979 年 3 694 万元增加 33 007 万元，增长率 894%；农民人均纯收入 3 378 元，比 1979 年 73 万元增加 3 305 万元，增长率 4 527%，详见表 1-6。

表 1-6　陵川县 1979—2008 年农业生产情况表

年份	粮食总产（吨）	肉类总产（吨）	禽蛋产量（吨）	牛奶产量（吨）	农业总产值（万元）	农民人均收入（元）
1979	66 360	1 149	606	—	3 694	73
1989	75 906	1 927	1 190	17.5	7 840	361
1999	110 941	6 226	3 049	24	20 872	2 065
2008	115 894	4 304	3 065	385	36 701	3 378

畜牧业发展势头良好，2008 年末，全县大牲畜牛 2 620 头、马 133 匹、驴 228 头、骡 208 头，猪 33 393 头、羊 55 449 只，鸡 350 658 只、兔 31 485 只，养蜂 680 箱。

由于山高坡陡，土地碎杂，全县农机化水平较低。2008 年，全县农机总动力为257 353 千瓦。拖拉机 1 254 台，其中，大中型农具 82 台，小型农具 1 172 台；种植业机具有：机引犁 852 台、旋耕机 332 台、播种机 10 台、化肥深施机 70 台、地膜覆盖机 16 台、排灌动力机械 186 台、机动喷雾器 1 台、联合收割机 5 台；农副产品加工机械 1 777 台；畜牧养殖机械 179 台；林果业机械 1 台；农用运输车 13 541 辆；农田基本建设机械 75 台。

全县共有水浇地拥有各类水利设施 1 929 处（眼），其中小型水利设施 1 700 处，大型水利设施 150 处，中小型电灌站 12 处，机电井 67 眼。

第三节　耕地利用与保养管理

一、主要耕作方式及影响

由于陵川县地处高寒山区，气候凉爽，一年一熟（玉米、谷子、蔬菜等）的农业耕作制度在全县占着主导地位。西部土石丘陵平川区，气候温和、土质良好，除一年一熟外，以小麦为主体的两年三熟制即小麦—玉米（或谷子）—大豆（或蔬菜）也占有一定比例；马圪当乡和附城丈河的宽谷地带，地势低洼、水热资源丰富，有部分二年三熟和一年两熟即小麦—玉米（或豆类、蔬菜）的农耕制度。

耕作方式一是翻耕，深度一般可达 15～25 厘米，能一次完成疏松耕层、翻埋杂草、肥料等任务，缺点是失水较多，作业量大；二是深松耕，深度可达 30～40 厘米，有利于打破犁底层，加厚活土层，缺点是掩埋杂草、肥料能力较差；三是旋耕，深度一般 10～20 厘米，优点是提高了劳动效率，缺点是土地不能深耕，降低了活土层；四是免耕法，优点是节本、省工且土壤无坚硬的犁底层，土壤结构不受破坏，较疏松，缺点是土壤有机质含量降低的快，另外，许多化学除草剂对农产品的品质和人的健康有不良影响。

二、耕地利用现状，生产管理及效益

陵川县现有耕地面积 45.60 万亩，占总土地面积的 17.36%，其中旱地 43.37 万亩，占总耕地面积的 95.11%，中低产田 30.80 万亩，占总耕地面积的 67.54%。全县耕地主要分布在西部土石丘陵平川区，面积达 19.13 万亩，占总耕地面积的 41.90%，中部土石山区耕地面积 18.89 万亩，占总耕地面积的 41.43%，东部石质山区耕地仅 7.57 万亩，占总耕地面积的 16.61%。近年来，科学的农业生产管理措施大力推广普及应用，农作物产量明显提高，效益逐年增加。2008 年，全县地膜覆盖面积 6 万亩，秸秆还田面积 7 万亩，良种普及 27 万亩，测土配方 25 万亩，病虫害综合防治 13 万亩，机械化耕作 20 万亩。耕地中农作物播种面积 34.14 万亩，总产值 22 599 万元，总纯收入 15 570 万元；果树 0.64 万亩，总产值 741.6 万元，总纯收入 485.6 万元；桑园 0.52 万亩，蚕茧总收入 410 万元，详见表 1-7。

表 1-7　陵川县 2008 年耕地面积、产量及效益表

作物			面积（万亩）	总产（万千克）	单产（千克）	总产值（万元）	亩产值（元）	总纯收入（万元）	亩纯收入（元）
农作物	粮食作物	玉米	26.61	10 186.7	383	16 298.7	613	10 976.7	413
		谷子	1.68	339.4	202	1 357.6	808	1 105.6	658
		小麦	0.57	125.1	219	250.2	438	164.7	288
		马铃薯	2.84	867.2	306	2 601.6	918	1 749.6	618
		豆类	0.50	62.8	127	251.2	508	176.2	357
		其他	0.06	8.2	137	32.8	548	23.8	397
	油料		0.30	116.8	389	233.6	778	188.6	629
	药材		0.99	132.6	134	795.6	804	647.1	654
	蔬菜		0.60	1 555.1	2 592	777.6	1 296	537.6	896
水果			0.64	370.8	—	741.6	—	485.6	—
蚕桑			0.52	—	—	—	—	410.0	—

三、施肥现状与耕地养分演变

全县有机肥料的用量呈下降趋势，过去农村耕地运输主要以大牲畜为主，猪、羊又是农民经济收入的一个组成部分，有机肥主要是牲畜、猪羊的粪便，1949 年，全县仅有大牲畜 18 991 头、猪 3 755 头、羊 25 519 只，到 1979 年，全县大牲畜发展到 25 109 头，猪 42 777 头、羊 91 475 只，1979 年比 1949 年分别增加了 32.22%、1039.20%、258.46%。随着农业机械化水平的不断提高，大牲畜、猪、羊又呈下降趋势。2008 年统计，全县仅有大牲畜 2 620 头、猪 33 393 头、羊 55 449 只，分别比 1979 年下降 89.57%、21.94%、

39.38%。全县有机肥与无机肥的用量比例为：1949—1954年99∶1，1955—1960年96∶4，1961—1966年93∶7，1967—1972年88∶12，1973—1982年80∶20。由此可见，新中国成立后到80年代初期，全县有机肥的施用量占主导地位，80年代末期到现在全县有机肥用量急剧下降，90年代初到现在，全县大力推广秸秆还田技术，一定程度上弥补了有机肥施用的不足，但和过去相比仍有一定差距。化肥施用：50年代中期到60年代为初试阶段；70年代至80年代初，化肥施用量有所增加，但氮、磷、钾的施用比例严重失调。据1983年统计，全县亩均化肥用量氮（折纯）5千克，磷（折纯）0.5千克，氮磷比8.5∶1，钾肥用量甚微；80年代中期，随着全国第二次土壤普查成果的广泛应用，磷肥施用量迅速上升，有效地促进了土壤养分平衡和粮食产量的提高。据统计：2008年全县化肥施用量11 482吨（折纯），其中氮肥3 687吨、磷肥2 136吨、钾肥299吨、复合肥5 360吨。氮磷钾肥施用比例逐渐趋于平衡合理。

随着农业生产的发展及施肥、耕作经营管理水平的提高，耕地土壤有机质及大量元素也随之变化。与1984年全国第二次土壤普查时的耕层养分测定结果相比，23年间，土壤有机质增加了1.15克/千克，全氮增加了0.31克/千克，有效磷增加了14.87毫克/千克，速效钾增加了79.39毫克/千克。

四、耕地利用与保养管理简要回顾

1949—1982年，平田整地，修边垒塄，兴修水利，大搞农田基本建设，生产条件不断改善。

1982—1997年，土地“包产到户”，农民生产积极性提高，化肥施用量加大，农业投入增多，农业生产效益明显提高。1984年。根据全国第二次土壤普查结果，陵川县划分了土壤改良利用区，根据不同土壤类型，不同土壤肥力和不同生产水平，提出了合理利用培肥措施。期间地膜覆盖技术大面积推广应用，中东部寒冷地区农作物产量水平又上了一个新台阶。

1997—2004年，土地30年不变的承包政策出台，农民种地养地意识增强。同时政府加大对农业投入，结合“旱作农业”、“沃土计划”等农业工程项目的实施，大力推广平衡施肥、秸秆还田技术，农田养分含量逐年增加，加上退耕还林等生态措施的实施，农业大环境得到了有效改变，农田环境日益好转。

2004—2009年，中央连续6年发布以“三农”（农业、农村、农民）为主题的中央1号文件，强调了“三农”问题在中国社会主义现代化时期“重中之重”的地位。期间出台了“粮食直补”、农资“综合直补”、“减征或免征农业税”等强农惠农政策，有力地促进了粮食增产和农民增收。同时“耕地综合生产能力建设”、“旱作节水农业”、“中低产田改造”等土肥项目的落实促使全县耕地逐步向优质、高产、高效、安全迈进。

2007—2009年，测土配方项目实施，减少了盲目施肥现象，施肥趋于平衡合理。同时根据《全国测土配方施肥技术规范》的要求，进行了耕地地力调查和质量评价，建立了全县耕地资源信息管理系统和测土配方施肥专家咨询系统，对耕地质量和测土配方施肥实行计算机网络管理，形成了较为完善的测土配方施肥数据库，为农业增产、农民增收提供科学决策依据，保证农业可持续发展。

第二章　耕地地力调查与质量评价的内容与方法

根据《全国耕地地力调查与质量评价技术规程》和《全国测土配方施肥技术规范》(以下简称《规程》和《规范》)的要求，通过肥料效应田间试验、样品采集与制备、田间基本情况调查、土壤与植株测试、肥料配方设计、配方肥料合理使用、效果反馈与评价、数据汇总、报告撰写等内容、方法与操作规程和耕地地力评价方法的工作过程，进行耕地地力调查和质量评价。

这次调查和评价是基于4个方面进行的。一是通过耕地地力调查与评价，合理调整农业结构、满足市场对农产品多样化、优质化的要求以及经济发展的需要；二是全面了解耕地质量现状，为无公害农产品、绿色食品、有机食品生产提供科学依据，为人民提供健康安全食品；三是针对耕地土壤的障碍因子，提出中低产田改造、防止土壤退化及修复已污染土壤的意见和措施，提高耕地综合生产能力；四是通过调查，建立全县耕地资源信息管理系统和测土配方施肥专家咨询系统，对耕地质量和测土配方施肥实行计算机网络管理，形成较为完善的测土配方施肥数据库，为粮食增产、农业增效、农民增收提供科学决策依据，保证农业可持续发展。

第一节　工作准备

耕地地力调查与评价工作是一大型系统工程，涉及内容具体、复杂，科技含量高，工作难度大，为圆满完成工作任务，省、市、县各级各部门做了大量仔细认真的准备工作。

一、组织准备

按照省、市的具体安排部署，陵川县里成立了测土配方施肥和耕地地力调查领导组、专家组、技术指导组。领导组组长由分管农业的副县长原光辉担任，副组长由农委主任王兴义担任，成员由财政局、国土资源局、水利局、林业局等单位负责人组成，领导组负责本县耕地地力评价与测土配方施肥服务的组织协调、人员落实、工作计划及本部门项目工作的开展。领导组下设办公室，办公室主任由农委主任王兴义担任，农委副主任张天林任副主任，负责测土配方施肥和耕地地力评价工作的日常工作。技术指导组由县农委分管领导薛玉红任组长，土肥站人员为技术指导组成员，主要职责是：组织技术培训，建立属性数据库和耕地资源管理信息系统，编写文字资料，同时要及时将耕地地力调查与评价成果应用于生产实际。

二、物质准备

根据《规程》和《规范》要求，进行了充分的物质准备，先后配备了 GPS 定位仪、不锈钢土钻、计算机及软盘、钢卷尺、环刀、土袋、化验药品、化验室仪器以及调查表格等。并在原来土壤化验室基础上，进行了必要的补充和维修，为全面调查和室内化验分析做了充分的物质准备。

三、技术准备

一是县土肥站人员多次到省、市以及运城等地参加技术培训，掌握了各项技术操作规程及技术要领。二是积极与山西农业大学协商，达成关于合作开展耕地地力评价技术服务的协议。山西省农业大学主要负责确定评价指标、评价单元赋值、计算每个评价指标权重、土壤分类系统整理等难点工作，利用县域耕地资源管理信息系统，合同承担图件数字化与空间数据库的建立等专业工作，编制土壤养分分布图、耕地地力等级图、中低产田类型分布图等。三是聘请第二次土壤普查专家为技术顾问，解决技术难题。同时对采样调查人员进行了技术培训，为测土配方施肥和耕地地力评价工作做了充分的技术准备。

四、资料准备

按照《规程》和《规范》要求，收集了陵川县行政区划图、地形图、第二次土壤普查各项成果图、基本农田保护区划图、土地利用现状图等图件；以及第二次土壤普查成果资料、基本农田保护区地块基本情况、农田水利灌溉资料、退耕还林规划、肥力动态监测等资料。

第二节　室内预研究

一、确定采样点位

（一）布点原则

为了使土壤调查所获取的信息具有一定的典型性和代表性，提高工作效率，节省人力和资金。在布点和采样时遵循了以下原则：一是布点具有广泛的代表性，同时兼顾均匀性；二是尽可能在全国第二次土壤普查时的典型剖面取样点上布点；三是采集的样品具有典型性，能代表其对应的评价单元最明显、最稳定、最典型的特征，尽量避免各种非调查因素的影响；四是所调查农户随机抽取，按照事先所确定采样地点寻找符合基本采样条件的农户进行，采样在符合要求的同一农户的同一地块内进行。

（二）布点方法

按照全国测土配方技术规程和规范，结合陵川县实际，将大田样点密度定为平川地每

200 亩一个点位、丘陵和山地每 80～100 亩一个点位，全县实际布设大田样点 5 500 个。布设样点一是依据山西省第二次土壤普查土种归属表，把那些图斑面积过小的土种，适当合并至母质类型相同、质地相近、土体构型相似的土种，修改编绘出新的土种图；二是将归并后的土种图与基本农田保护区划图和土地利用现状图叠加，形成评价单元；三是根据评价单元的个数及相应面积，在样点总数的控制范围内，初步确定不同评价单元的采样点数；四是在评价单元中，根据图斑大小、种植制度、作物种类、产量水平等因素的不同，确定布点数量和点位，并在图上予以标注，点位尽可能选在第二次土壤普查时的典型剖面取样点上；五是不同评价单元的取样数量和点位确定后，按照土种、作物品种、产量水平等因素，分别统计其相应的取样数量，当某一因素点位数过少或过多时，再根据实际情况进行适当调整。

二、确定采样方法

（一）采样时间

在作物收获后或播种施肥前采集。

（二）调查、取样

按点位图上确定的调查点位选择典型地块采集样品，典型地块面积 1～10 亩，用 GPS 定位仪确定地理坐标和海拔高度，记录经纬度，精确到 0.1″。同时依此准确方位修正点位图上的点位位置。采样主要采用 S 法，均匀随机采取 15～20 个采样点，充分混合后，四分法留取 1 千克土壤组成一个土壤样品，并装入已准备好的土袋中。

（三）采样工具

主要采用不锈钢土钻，采样过程中努力保持土钻垂直，样点密度均匀，基本符合厚薄、宽窄、数量的均匀特征。

（四）采样深度

为 0～20 厘米耕作层土样。

（五）采样记录

按农户地块调查表格的内容逐项进行调查并认真填写。调查严格遵循实事求是的原则，对那些说不清楚的农户，通过访问地力水平相当、位置基本一致的其他农户或对实物进行核对推算。同时填写两张标签，土袋内外各一张，注明采样编号、采样地点、采样人、采样日期等。

三、确定调查内容

根据《规范》要求，按照《测土配方施肥采样地块基本情况调查表》认真填写。调查的范围是基本农田保护区耕地，调查内容主要有 4 个方面：一是与耕地地力评价相关的耕地自然环境条件，农田基础设施建设水平和土壤理化性状，耕地土壤障碍因素和土壤退化原因等；二是与农产品品质相关的耕地土壤环境状况，如土壤的富营养化、养分不平衡与缺乏微量元素和土壤污染等；三是与农业结构调整密切相关的耕地土壤适宜性问题等；四是农户生产管理情况调查。

以上资料的获得，一是利用第二次土壤普查和土地利用现状等现有资料，通过收集整理而来；二是采用以点带面的调查方法，经过实地调查访问农户获得；三是对所采集样品进行相关分析化验后取得；四是将所有有限的资料、农户生产管理情况调查资料、分析数据录入到计算机中，并经过矢量化处理形成数字化图件、差值，使每个地块均具有各种资料信息，来获取相关资料信息。这些资料和信息，对分析耕地地力评价与耕地质量评价结果及影响因素具有重要意义。如通过分析农户投入和生产管理对耕地地力土壤环境的影响，分析农民现阶段投入成本与耕地质量直接的关系，有利于提高成果的现实性，引起各级领导的关注。通过对每个地块资源的充实完善，可以从微观角度，对土、肥、气、热、水资源运行情况有更周密的了解，提出管理措施和对策，指导农民进行资源合理利用和分配。通过对全部信息资料的了解和掌握，可以宏观调控资源配置，合理调整农业产业结构，科学指导农业生产。

四、确定分析项目和方法

根据《规程》及《山西省耕地地力调查及质量评价实施方案》和《全国测土配方施肥技术规范》规定，土壤质量调查样品检测项目为：pH、有机质、全氮、碱解氮、全磷、有效磷、全钾、速效钾、缓效钾、有效硫、阳离子交换量、有效铜、有效锌、有效铁、有效锰、水溶性硼、有效钼 17 个项目，分析方法严格按照规程及规范要求的测定方法进行。

五、确定技术路线

陵川县耕地地力调查与质量评价所采用的技术路线如图 2 - 1 所示。

1. 确定评价单元　利用基本农田保护区区划图、土壤图和土地利用现状图叠加的图斑为基本评价单元。相似相近的评价单元至少采集一个土壤样品进行分析，在评价单元图上连接评价单元属性数据库，用计算机绘制各评价因子图。

2. 确定评价因子　根据全国、省级耕地地力评价指标体系，通过专家论证，结合当地实际情况选择陵川县县域耕地地力评价因子。

3. 确定评价因子权重　用模糊数学特尔菲法和层次分析法将评价因子标准数据化，并计算出每一评价因子的权重。

4. 数据标准化　选用隶属函数法和专家经验法等数据标准化方法，对评价指标进行数据标准化处理，对定性指标要进行数值化描述。

5. 综合地力指数计算　用各因子的地力指数累加得到每个评价单元的综合地力指数。

6. 划分地力等级　根据综合地力指数分布的累积频率曲线法或等距法，确定分级方案，并划分地力等级。

7. 归入全国耕地地力等级体系　依据《全国耕地类型区、耕地地力等级划分》(NY/T 309—1996)，归纳整理各级耕地地力要素主要指标，结合专家经验，将各级耕地地力归入全国耕地地力等级体系。

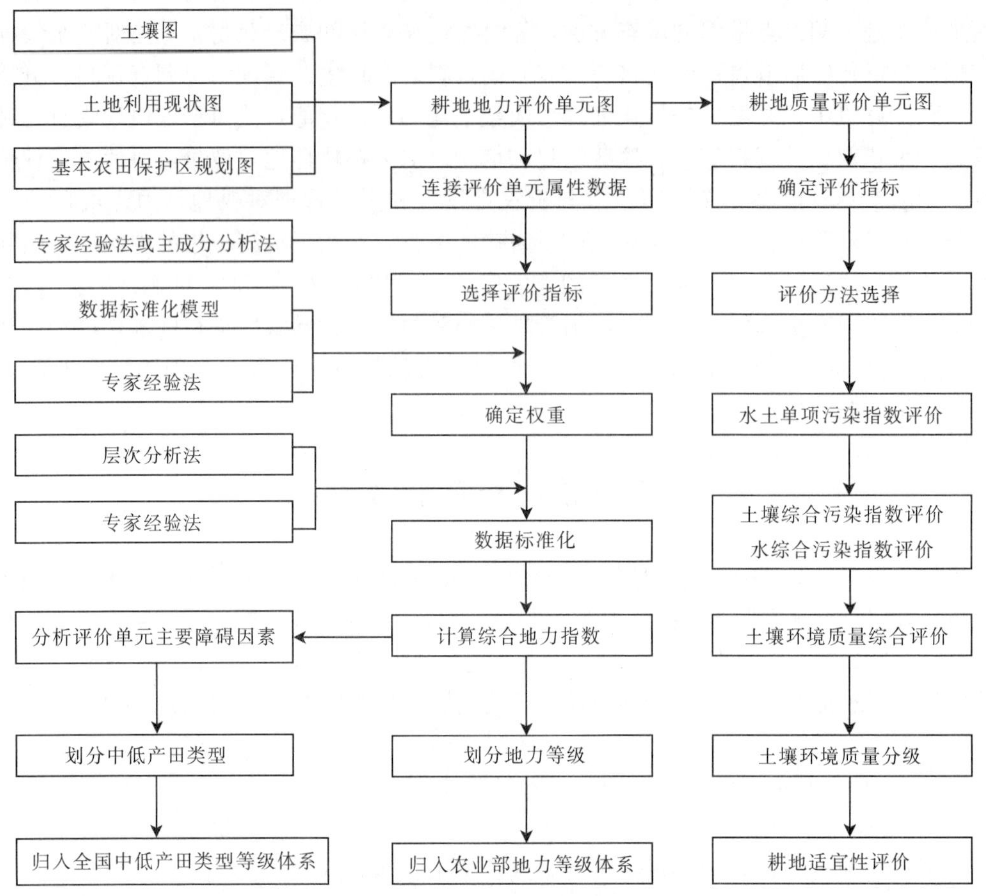

图 2-1　耕地地力调查与质量评价技术路线流程

8. 划分中低产田类型　依据《全国中低产田类型划分与改良技术规范》（NY/T 310—1996），分析评价单元耕地土壤主要障碍因素，划分并确定中低产田类型。

第三节　野外调查及质量控制

一、调查方法

野外调查的重点是对取样点的立地条件、土壤属性、农田基础设施条件、农户栽培管理成本及收益等情况全面了解、掌握。

（一）室内确定采样位置

技术指导组根据要求，在 1∶10 000 评价单元图上确定各类型采样点的采样位置，并在图上标注。

（二）培训野外调查人员

野外调查人员以各乡镇农科员为主，每个乡（镇）一个调查组，各组成员由县土肥站包乡镇技术人员和一个乡（镇）农科员、一个被取样村的干部、一个民工组成。

（三）根据规程和规范要求，严格取样

各野外调查支队根据图标位置，在了解农户农业生产情况基础上，确定具有代表性田块和农户，用GPS定位仪进行定位，依据田块准确方位修正点位图上的点位位置。

（四）表格填写

按照《全国耕地地力和质量评价技术规程》、省级实施方案要求规定和《全国测土配方施肥技术规范》规定，填写调查表格，并将采集的样品统一编号，带回室内化验。

二、调查内容

1. 基本情况调查项目

（1）采样地点和地块：地址名称采用民政部门认可的正式名称。地块采用当地的通俗名称。

（2）经纬度及海拔高度：由GPS仪进行测定。

（3）地形地貌：以形态特征划分为5大地貌类型：山地、丘陵、平原、高原及盆地。

（4）地形部位：指中小地貌单元。主要包括河漫滩、一级阶地、二级阶地、高阶地、坡地、梁地、垣地、峁地、山地、沟谷。

（5）坡度：一般分为<2.0°、2.1°～5.0°、5.1°～8.0°、8.1°～15.0°、15.1°～25.0°、≥25.0°。

（6）侵蚀情况：土壤侵蚀类型可划分为水蚀、风蚀、重力侵蚀、冻融侵蚀、混合侵蚀等，侵蚀程度通常分为无明显、轻度、中度、强度、极强度5级。

（7）潜水深度：指地下水深度，分为深位（>3～5米）、中位（2～3米）、浅位（≤3米）。

（8）家庭人口及耕地面积：指每个农户实有的人口数量和种植耕地面积（亩）。

2. 土壤性状调查项目

（1）土壤名称：统一按第二次土壤普查时的连续命名法填写，详细到土种。

（2）土壤质地：国际制；全部样品均需采用手摸测定；质地分为：沙土、沙壤、壤土、黏壤、黏土5级。室内选取10%的样品采用比重计法（粒度分布仪法）测定。

（3）质地构型：指不同土层之间质地构造变化情况。一般可分为通体壤、通体黏、通体沙、黏夹砂、底沙、壤夹黏、多砾、少砾、夹砾、底砾、少姜、多姜等。

（4）耕层厚度：用铁锹垂直铲下去，用钢卷尺按实际进行测量确定。

（5）障碍层次及深度：主要指沙土、黏土、砾石、料姜等所发生的层位、层次及深度。

（6）土壤母质：有残积物、红土、红黄土、黄土、黄土状、淤垫及近代沉积物等类型。

3. 农田设施调查项目

（1）地面平整度：按大范围地形坡度分为平整（<2°）、基本平整（2°～5°）、不平整（>5°）。

（2）梯田化水平：分为地面平坦、园田化水平高，地面基本平坦、园田化水平较高、高水平梯田、缓坡梯田、新修梯田、坡耕地等类型。

（3）田间输水方式：管道、防渗渠道、土渠等。

（4）灌溉方式：分为漫灌、畦灌、沟灌、滴灌、喷灌、管灌等。

（5）灌溉保证率：分为充分满足、基本满足、一般满足、无灌溉条件 4 种情况或按灌溉保证率（%）计。

（6）排涝能力：分为强、中、弱 3 级。

4. 生产性能与管理情况调查项目

（1）种植（轮作）制度：分为一年一熟、一年二熟、二年三熟等。

（2）作物（蔬菜）种类与产量：指调查地块上年度主要种植作物及其平均产量。

（3）耕翻方式及深度：指翻耕、旋耕、耙地、耱地、中耕等。

（4）秸秆还田情况：分翻压还田、覆盖还田等。

（5）设施类型棚龄或种菜年限：分为薄膜覆盖、塑料拱棚、温室等，棚龄以正式投入算起。

（6）上年度灌溉情况：包括灌溉方式、灌溉次数、年灌水量、水源类型、灌溉费用等。

（7）年度施肥情况：包括有机肥、氮肥、磷肥、钾肥、复合（混）肥、微肥、叶面肥、微生物肥及其他肥料施用情况，有机肥要注明类型，化肥指纯养分。

（8）上年度生产成本：包括化肥、有机肥、农药、农膜、种子（种苗）、机械人工及其他。

（9）上年度农药使用情况：农药使用次数、品种、数量。

（10）产品销售及收入情况。

（11）作物品种及种子来源。

（12）蔬菜效益指当年纯收益。

三、采样数量

在全县 45.6 万亩耕地上，共采集大田土壤样品 5 500 个。

四、采样控制

野外调查采样是此次调查评价的关键。既要考虑采样代表性、均匀性，也要考虑采样的典型性。根据 1984 年土壤图土壤分布位置，分别在不同土壤、不同作物类型、不同地力水平的农田严格按照规程和规范要求均匀布点，并按图标布点实地核查后进行定点采样。采样时严格按照操作规程要求采取，保证了调查采样质量。

第四节　样品分析及质量控制

一、分析项目及方法

（一）物理性状

土壤容重采用环刀法测定。

（二）化学性状

（1）pH：土液比 1∶2.5，电位法测定。

（2）有机质：采用油浴加热重铬酸钾氧化容量法测定。

（3）全磷：采用氢氧化钠熔融——钼锑抗比色法测定。

（4）有效磷：采用碳酸氢钠浸提——钼锑抗比色法测定。

（5）全钾：采用氢氧化钠熔融——火焰光度计法测定。

（6）速效钾：采用乙酸铵浸提——火焰光度计法测定。

（7）全氮：采用凯氏蒸馏法测定。

（8）碱解氮：采用碱解扩散法测定。

（9）缓效钾：采用硝酸提取——火焰光度计法测定。

（10）有效铜、锌、铁、锰：采用 DTPA 提取——原子吸收光谱法测定。

（11）有效钼：采用草酸—草酸铵浸提——极谱法测定。

（12）水溶性硼：采用沸水浸提——姜黄素比色法测定。

（13）有效硫：采用氯化钙浸提——硫酸钡比浊法测定。

（14）有效硅：采用柠檬酸浸提——硅钼蓝色比色法测定。

（15）交换性钙和镁：采用乙酸铵提取——原子吸收光谱法测定。

（16）阳离子交换量：采用 EDTA——乙酸铵盐交换法测定。

二、分析测试质量控制

分析测试质量主要包括野外调查取样后样品风干、处理与实验室分析化验质量，其质量的控制是调查评价的关键。

（一）样品风干及处理

土壤样品及时放置在干燥、通风、卫生、无污染的室内风干，风干后送化验室处理。

将风干后的样品平铺在制样板上，用木棍或塑料棍碾压，并将植物残体、石块等侵入体和新生体剔除干净。细小已断的植物须根，可采用静电吸附的方法清除。压碎的土样用 2 毫米孔径筛过筛，未通过的土粒重新碾压，直至全部样品通过 2 毫米孔径筛为止。通过 2 毫米孔径筛的土样可供 pH、盐分、交换性能及有效养分等项目的测定。

将通过 2 毫米孔径筛的土样用四分法取出一部分继续碾磨，使之全部通过 0.25 毫米孔径筛，供有机质、全氮、碳酸钙等项目的测定。

用于微量元素分析的土样，其处理方法同一般化学分析样品，但在采样、风干、研磨、过筛、运输、储存等环节都要特别注意，不要接触容易造成样品污染的铁、铜等金属器具。采样、制样推荐使用不锈钢、木、竹或塑料工具，过筛使用尼龙网筛等。通过2毫米孔径尼龙筛的样品可用于测定土壤有效态微量元素。

将风干土样反复碾碎，用2毫米孔径筛过筛。留在筛上的碎石称量后保存，同时将过筛的土壤称重，计算石砾质量百分数。将通过2毫米孔径筛的土样混匀后盛于广口瓶内，用于颗粒分析及其他物理性质测定。若风干土样中有铁锰结核、石灰结核、铁子或半风化体，不能用木棍碾碎，应首先将其细心拣出称量保存，然后再进行碾碎。

（二）实验室质量控制

1. 在测试前采取的主要措施

（1）按规程要求制定了周密的采样方案，尽量减少采样误差（把采样作为分析检验的一部分）。

（2）正式开始分析前，对检验人员进行了为期2周的培训。对监测项目、监测方法、操作要点、注意事项一一进行培训，并进行了质量考核，为检验人员掌握了解项目分析技术、提高业务水平、减少误差等奠定了基础。

（3）收样登记制度。制订了收样登记制度，将收样时间、制样时间、处理方法与时间、分析时间一一登记，并在收样时确定样品统一编码、野外编码及标签等，从而确保了样品的真实性和整个过程的完整性。

（4）测试方法确认（尤其是同一项目有几种检测方法时）。根据实验室现有条件、要求规定及分析人员掌握情况等确立最终采取的分析方法。

（5）测试环境确认。为减少系统误差，对实验室温度、湿度、试剂、用水、器皿等一一检验，保证符合测试条件。对有些相互干扰的项目分开实验室进行分析。

（6）检测用仪器设备及时进行计量检定，定期进行运行状况检查。

2. 在检测中采取的主要措施

（1）仪器使用实行登记制度，并及时对仪器设备进行检查维修和调整。

（2）严格执行项目分析标准或规程，确保测试结果准确性。

（3）坚持平行试验、必要的重显性试验，控制精密度，减少随机误差。

每个项目开始分析时每批样品均须做100%平行样品，结果稳定后，平行次数减少50%，最少保证做10%～15%平行样品。每个化验人员都自行编入明码样做平行测定，质控员还编入10%密码样进行质量控制。

平行双样测定结果的误差在允许的范围之内为合格；平行双样测定全部不合格者，该批样品须重新测定；平行双样测定合格率小于95%时，除对不合格的重新测定外，再增加10%～20%的平行测定率，直到总合格率达95%。

（4）坚持带质控样进行测定：

①与标准样对照。分析中，每批次带标准样品10%～20%，以测定的精密度合格的前提下，标准样测定值在标准保证值（95%的置信水平）范围的为合格，否则本批结果无效，进行重新分析测定。

②加标回收法。对灌溉水样由于无标准物质或质控样品，采用加标回收试验来测定准确度。

加标率，在每批样品中，随机抽取10%～20%试样进行加标回收测定。

加标量，被测组分的总量不得超出方法的测定上限。加标浓度宜高，体积应小，不应超过原定试样体积的1%。

加标回收率在90%～110%范围内的为合格。

$$\text{回收度（\%）}=\frac{\text{(测得总量}-\text{样品含量)}}{\text{标准加入量}}\times 100$$

根据回收率大小，也可判断是否存在系统误差。

（5）注重空白试验：全程空白值是指用某一方法测定某物质时，除样品中不含该物质外，整个分析过程中引起的信号值或相应浓度值。它包含了试剂、蒸馏水中杂质带来的干扰，从待测试样的测定值中扣除，可消除上述因素带来的系统误差。如果空白值过高，则要找出原因，采取其他措施（如提纯试剂、更新试剂、更换容器等）加以消除。保证每批次样品做2个以上空白样，并在整个项目开始前按要求做全程序空白测定，每次做2个平行空白样，连测5天共得10个测定结果，计算批内标准偏差$S_{\omega b}$。

$$S_{\omega b}=\left[\sum(X_i-X_{\text{平}})^2/m(n-1)\right]^{1/2}$$

式中：n——每天测定平均样个数；

m——测定天数。

（6）做好校准曲线：比色分析中标准系列保证设置6个以上浓度点。根据浓度和吸光值按一元线性回归方程$Y=a+bX$计算其相关系数。

式中：Y——吸光度；

X——待测液浓度；

a——截距；

b——斜率。

要求标准曲线相关系数$r\geqslant 0.999$。

校准曲线控制：①每批样品皆需做校准曲线；②标准曲线力求$r\geqslant 0.999$，且有良好重现性；③大批量分析时每测10～20个样品要用同一标准液校验，检查仪器状况；④待测液浓度超标时不能任意外推。

（7）用标准物质校核实验室的标准滴定溶液：标准物质的作用是校准。对测量过程中使用的基准纯、优级纯的试剂进行校验。校准合格才准用，确保量值准确。

（8）详细、如实记录测试过程，使检测条件可再现、检测数据可追溯；对测量过程中出现的异常情况也及时记录，及时查找原因。

（9）认真填写测试原始记录，测试记录做到：如实、准确、完整、清晰。记录的填写、更改均制订了相应制度和程序。当测试由一人读数一人记录时，记录人员复读多次所记的数字，减少误差发生。

3. 检测后主要采取的技术措施

（1）加强原始记录校核、审核，实行“三审三校”制度，对发现的问题及时研究、解决，或召开质量分析会，达成共识。

（2）运用质量控制图预防质量事故发生：对运用均值—极差控制图的判断，参照《质量专业理论与实名》中的判断准则。对控制样品进行多次重复测定，由所得结果计算出控制样的平均值 X 及标准差 S（或极差 R），就可绘制均值—标准差控制图（或均值—极差控制图），纵坐标为测定值，横坐标为获得数据的顺序。将均值 X 作成与横坐标平行的中心级 CL，$X\pm3S$ 为上下警戒限 UCL 及 LCL，$X\pm2S$ 为上下警戒限 UWL 及 LWL，在进行试样列行分析时，每批带入控制样，根据差异判异准则进行判断。如果在控制限之外，该批结果为全部错误结果，则必须查出原因，采取措施，加以消除，除“回控”后再重复测定，并控制不再出现，如果控制样的结果落在控制限和警戒限之间，说明精密度已不理想，应引起注意。

（3）控制检出限：检出限是指对某一特定的分析方法在给定的置信水平内，可以从样品中检测的待测物质的最小浓度或最小量。根据空白测定的批内标准偏差（$S_{\omega b}$）按下列公式计算检出限（95%的置信水平）。

①若试样一次测定值与零浓度试样一次测定值有显著性差异时，检出限（L）按下列公式计算：

$$L=2\times Z^{1/2}t_fS_{\omega b}$$

式中：L——方法检出限；

t_f——显著水平为 0.05（单侧）、自由度为 f 的 t 值；

$S_{\omega b}$——批内空白值标准偏差；

f——批内自由度，$f=m(n-1)$，m 为重复测定次数，n 为平行测定次数。

②原子吸收分析方法中检出限计算：$L=3S_{\omega b}$。

③分光光度法以扣除空白值后的吸光值为 0.010 相对应的浓度值为检出限。

（4）及时对异常情况处理：

①异常值的取舍。对检测数据中的异常值，按 GB 4883 标准规定采用 Grubbs 法或 Dixon 法加以判断处理。

②因外界干扰（如停电、停水），检测人员应终止检测，待排除干扰后重新检测，并记录干扰情况。当仪器出现故障时，故障排除后校准合格的，方可重新检测。

（5）使用计算机采集、处理、运算、记录、报告、存储检测数据时，应制订相应的控制程序。

（6）检验报告的编制、审核、签发。检验报告是实验工作的最终结果，是试验室的产品，因此对检验报告质量要高度重视。检验报告应做到完整、准确、清晰、结论正确。必须坚持三级审核制度，明确制表、审核、签发的职责。

除此之外，为保证分析化验质量，提高实验室之间分析结果的可比性，山西省土壤肥料工作站抽查5%～10%样品在省测试中心进行复核，并编制密码样，对实验室进行质量监督和控制。

4. 技术交流 在分析过程中，发现问题及时交流，改进方法，不断提高技术水平。

5. 数据录入 分析数据按规程和方案要求审核后编码整理，和采样点一一对照，确认无误后进行录入。采取双人录入相互对照的方法，保证录入正确率。

第五节　评价依据、方法及评价标准体系的建立

一、评价原则依据

经专家评议，陵川县确定了 3 大因素 11 个因子为耕地地力评价指标。

1. 立地条件　立地条件指耕地土壤的自然环境条件，它包含与耕地与质量直接相关的地貌类型及地形部位、成土母质、地面坡度等。

（1）地貌类型及其特征描述：陵川县主要地形地貌有河流宽谷阶地、高阶地、丘陵（沟谷、垣地、梁地、坡地、洼地、峁地、丘间小盆地）、山地（石质山、土石山）。

（2）成土母质及其主要分布：在陵川县耕地上分布的母质类型有残积物、红土、红黄土、黄土（马兰黄土、黏质黄土）、黄土状、沟淤物、洪积物、淤积物、堆垫物及近代沉积物等。

（3）地面坡度：地面坡度反映水土流失程度，直接影响耕地地力，陵川县将地面坡度小于 25°的耕地依坡度大小分成 6 级（＜2.0°、2.1°～5.0°、5.1°～8.0°、8.1°～15.0°、15.1°～25.0°、≥25.0°）进入地力评价系统。

2. 土壤属性

（1）土体构型：指土壤剖面中不同土层间质地构造变化情况，直接反映土壤发育及障碍层次，影响根系发育、水肥保持及有效供给，包括有效土层厚度、质地构型等。

①有效土层厚度：指土壤层和松散的母质层之和，按其厚度（厘米）深浅从高到低依次分为 6 级（＞150、101～150、76～100、51～75、26～50、≤25）进入地力评价系统。

②质地构型：陵川县耕地质地构型主要分为通体型（包括通体壤、通体黏）、深黏、夹砾、底砾、通体少砾、通体多砾、夹姜等。

（2）耕层土壤理化性状：分为较稳定的理化性状（质地、有机质）和易变化的化学性状（有效磷、速效钾）两大部分。

①耕层质地：影响水肥保持及耕作性能。按卡庆斯基制的 6 级划分体系来描述，分别为沙土、沙壤、轻壤、中壤、重壤、黏土。

②有机质：土壤肥力的重要指标，直接影响耕地地力水平。按其含量（克/千克）从高到低依次分为 6 级（＞25.00、20.01～25.00、15.01～20.00、10.01～15.00、5.01～10.00、≤5.00）进入地力评价系统。

③有效磷：按其含量（毫克/千克）从高到低依次分为 6 级（＞25.00、20.1～25.00、15.1～20.00、10.1～15.00、5.1～10.00、≤5.00）进入地力评价系统。

④速效钾：按其含量（毫克/千克）从高到低依次分为 6 级（＞250、201～250、151～200、101～150、51～100、≤50）进入地力评价系统。

3. 农田基础设施条件

（1）灌溉保证率：指降水不足时的有效补充程度，是提高作物产量的有效途径，分为充分满足，可随时灌溉；基本满足，在关键时期可保证灌溉；一般满足，大旱之年不能保证灌溉；无灌溉条件 4 种情况。

（2）梯（园）田化水平：按园田化和梯田类型及其熟化程度分为地面平坦，园田化水平高；地面基本平坦，园田化水平较高；高水平梯田；缓坡梯田；坡耕地 5 种类型。

二、评价方法及流程

1. 技术方法

（1）文字评述法：对一些概念性的评价因子（如地形部位、土壤母质、质地构型、质地、梯田化水平等）进行定性描述。

（2）专家经验法（特尔菲法）：在全省农科教系统邀请土肥界具有一定学术水平和农业生产实践经验的专家，参与评价因素的筛选和隶属度确定（包括概念型和数值型评价因子的评分），见表 2－1。

（3）模糊综合评判法：应用这种数理统计的方法对数值型评价因子（如地面坡度、有效土层厚度、有机质、有效磷、速效钾等）进行定量描述，即利用专家给出的评分（隶属度）建立某一评价因子的隶属函数，见表 2－2。

（4）层次分析法：用于计算各参评因子的组合权重。本次评价，把耕地生产性能（即耕地地力）作为目标层（*G* 层），把影响耕地生产性能的立地条件、土体构型、较稳定的理化性状、易变化的化学性状、农田基础设施条件作为准则层（*C* 层），再把影响准则层中的各因素的项目作为指标层（*A* 层），建立耕地地力评价层次结构图。在此基础上，由专家分别对不同层次内各参评因素的重要性作出判断，构造出不同层次间的判断矩阵。最后计算出各评价因子的组合权重。

表 2－1 各评价因子专家打分意见

因　　子	平均值	众数值	建议值
立地条件（C_1）	1.60	1（17）	1
土体构型（C_2）	3.70	3（15）5（13）	3
较稳定的理化性状（C_3）	4.47	3（13）5（10）	4
易变化的化学性状（C_4）	4.20	5（13）3（11）	5
农田基础建设（C_5）	1.47	1（17）	1
地形部位（A_1）	1.80	1（23）	1
成土母质（A_2）	3.90	3（9）5（12）	5
地面坡度（A_3）	3.10	3（14）5（7）	3
有效土层厚度（A_4）	2.80	1（14）3（9）	1
质地构型（A_5）	2.80	1（12）3（11）	1
耕层质地（A_6）	2.90	1（13）5（11）	1
有机质（A_7）	2.70	1（14）3（11）	3
有效磷（A_8）	1.00	1（31）	1
速效钾（A_9）	2.70	3（16）1（10）	3
灌溉保证率（A_{10}）	1.20	1（30）	1
园（梯）田化水平（A_{11}）	4.50	5（15）7（7）	5

表 2-2　陵川县耕地地力评价数字型因子分级及其隶属度

评价因子	量纲	1级	2级	3级	4级	5级	6级
		量值	量值	量值	量值	量值	量值
地面坡度	(°)	<2.0	2.0～5.0	5.1～8.0	8.1～15.0	15.1～25.0	≥25
有效土层厚度	厘米	>150	101～150	76～100	51～75	26～50	≤25
有机质	毫克/千克	>25.0	20.01～25.00	15.01～20.00	10.01～15.00	5.01～10.00	≤5.00
有效磷	毫克/千克	>25.0	20.1～25.0	15.1～20.0	10.1～15.0	5.1～10.0	≤5.0
速效钾	毫克/千克	>250	201～250	151～200	101～150	51～100	≤50

（5）指数和法：采用加权法计算耕地地力综合指数，即将各评价因子的组合权重与相应的因素等级分值（即由专家经验法或模糊综合评判法求得的隶属度）相乘后累加，如：

$$IFI = \sum B_i \times A_i (i = 1,2,3,\cdots,15)$$

式中：IFI——耕地地力综合指数；

B_i——第 i 个评价因子的等级分值；

A_i——第 i 个评价因子的组合权重。

2. 技术流程

（1）应用叠加法确定评价单元：把基本农田保护区规划图与土地利用现状图、土壤图叠加形成的图斑作为评价单元。

（2）空间数据与属性数据的连接：用评价单元图分别与各个专题图叠加，为每一评价单元获取相应的属性数据。根据调查结果，提取属性数据进行补充。

（3）确定评价指标：根据全国耕地地力调查评价指数表，由山西省土壤肥料工作站组织专家，采用特尔菲法和模糊综合评判法确定陵川县耕地地力评价因子及其隶属度。

（4）应用层次分析法确定各评价因子的组合权重。

（5）数据标准化：计算各评价因子的隶属函数，对各评价因子的隶属度数值进行标准化。

（6）应用累加法计算每个评价单元的耕地地力综合指数。

（7）划分地力等级：分析综合地力指数分布，确定耕地地力综合指数的分级方案，划分地力等级。

（8）归入农业部地力等级体系：选择10%的评价单元，调查近3年粮食单产（或用基础地理信息系统中已有资料），与以粮食作物产量为引导确定的耕地基础地力等级进行相关分析，找出两者之间的对应关系，将评价的地力等级归入农业部确定的等级体系（NY/T 309—1996　全国耕地类型区、耕地地力等级划分）。

（9）采用GIS、GPS系统编绘各种养分图和地力等级图等图件。

三、评价标准体系建立

1. 耕地地力要素的层次结构　耕地地力要素的层次结构如图 2-2 所示。

表 2-3　襄垣县耕地地力评价概念性因子隶属度及其描述

<table>
<tr><td rowspan="2">地形部位</td><td>描述</td><td>河漫滩</td><td>一级阶地</td><td>二级阶地</td><td>高阶地</td><td>垣地</td><td colspan="3">洪积扇（上、中、下）</td><td>倾斜平原</td><td>梁地</td><td>峁地</td><td>坡麓</td><td colspan="6">沟谷</td></tr>
<tr><td>隶属度</td><td>0.7</td><td>1.0</td><td>0.9</td><td>0.7</td><td>0.4</td><td>0.4</td><td>0.6</td><td>0.8</td><td>0.8</td><td>0.2</td><td>0.2</td><td>0.1</td><td colspan="6">0.6</td></tr>
<tr><td rowspan="2">母质类型</td><td>描述</td><td colspan="3">洪积物</td><td colspan="3">河流冲积物</td><td colspan="3">黄土状冲积物</td><td colspan="3">残积物</td><td colspan="2">保德红土</td><td colspan="2">马兰期黄土</td><td colspan="2">离石黄土</td></tr>
<tr><td>隶属度</td><td colspan="3">0.7</td><td colspan="3">0.9</td><td colspan="3">1.0</td><td colspan="3">0.2</td><td colspan="2">0.3</td><td colspan="2">0.5</td><td colspan="2">0.6</td></tr>
<tr><td rowspan="2">质地构型</td><td>描述</td><td>通体壤</td><td>黏夹砂</td><td>底砂</td><td>壤夹黏</td><td>壤夹砂</td><td>砂夹黏</td><td>通体黏</td><td>夹砾</td><td>底砾</td><td>少砾</td><td>多砾</td><td>少姜</td><td>浅姜</td><td>多姜</td><td>通体砂</td><td>浅钙积</td><td>夹白干</td><td>底白干</td></tr>
<tr><td>隶属度</td><td>1.0</td><td>0.6</td><td>0.7</td><td>1.0</td><td>0.9</td><td>0.3</td><td>0.6</td><td>0.4</td><td>0.7</td><td>0.8</td><td>0.2</td><td>0.8</td><td>0.4</td><td>0.2</td><td>0.3</td><td>0.4</td><td>0.4</td><td>0.7</td></tr>
<tr><td rowspan="2">耕层质地</td><td>描述</td><td colspan="3">砂土</td><td colspan="3">砂壤</td><td colspan="3">轻壤</td><td colspan="3">中壤</td><td colspan="3">重壤</td><td colspan="3">黏土</td></tr>
<tr><td>隶属度</td><td colspan="3">0.2</td><td colspan="3">0.6</td><td colspan="3">0.8</td><td colspan="3">1.0</td><td colspan="3">0.8</td><td colspan="3">0.4</td></tr>
<tr><td rowspan="2">园（梯）田化水平</td><td>描述</td><td colspan="3">地面平坦
园田化水平高</td><td colspan="3">地面基本平坦
园田化水平较高</td><td colspan="3">高水平梯田</td><td colspan="3">缓坡梯田
熟化程度 5 年以上</td><td colspan="3">新修梯田</td><td colspan="3">坡耕地</td></tr>
<tr><td>隶属度</td><td colspan="3">1.0</td><td colspan="3">0.8</td><td colspan="3">0.6</td><td colspan="3">0.4</td><td colspan="3">0.2</td><td colspan="3">0.1</td></tr>
<tr><td rowspan="5">盐渍化程度</td><td rowspan="4">描述</td><td colspan="6">无</td><td colspan="4">轻</td><td colspan="4">中</td><td colspan="4">重</td></tr>
<tr><td colspan="2" rowspan="3">全盐量</td><td colspan="4">苏打为主，<0.1%</td><td colspan="4">0.1%～0.3%</td><td colspan="4">0.3%～0.5%</td><td colspan="4">≥0.5%</td></tr>
<tr><td colspan="4">氯化物为主，<0.2%</td><td colspan="4">0.2%～0.4%</td><td colspan="4">0.4%～0.6%</td><td colspan="4">≥0.6%</td></tr>
<tr><td colspan="4">硫酸盐为主，<0.3%</td><td colspan="4">0.3%～0.5%</td><td colspan="4">0.5%～0.7%</td><td colspan="4">≥0.7%</td></tr>
<tr><td>隶属度</td><td colspan="6">1.0</td><td colspan="4">0.7</td><td colspan="4">0.4</td><td colspan="4">0.1</td></tr>
<tr><td rowspan="2">灌溉保证率</td><td>描述</td><td colspan="6">充分满足</td><td colspan="4">基本满足</td><td colspan="4">一般满足</td><td colspan="4">无灌溉条件</td></tr>
<tr><td>隶属度</td><td colspan="6">1.0</td><td colspan="4">0.7</td><td colspan="4">0.4</td><td colspan="4">0.1</td></tr>
</table>

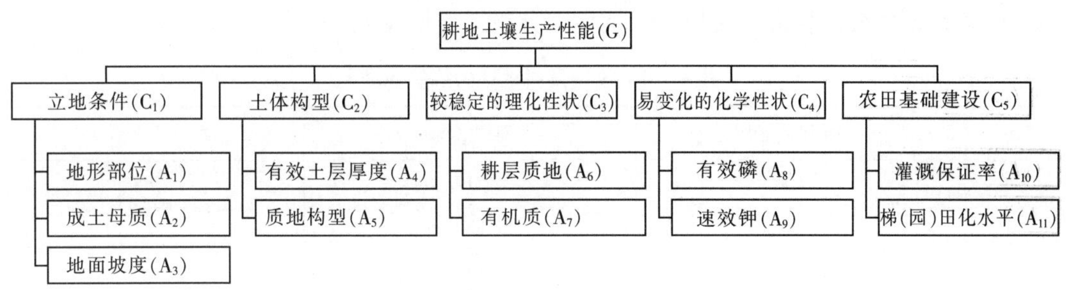

图 2－2　耕地地力要素层次结构

2. 耕地地力要素的隶属度

（1）概念性评价因子：各评价因子的隶属度及其描述见表 2－3。

（2）数值型评价因子：各评价因子的隶属函数（经验公式）见表 2－4。

表 2－4　陵川县耕地地力评价数值型因子隶属函数

函数类型	评价因子	经验公式	C	U_t
戒下型	地面坡度（°）	$y=1/[1+6.492\times10^{-3}\times(u-c)^2]$	3.00	≥25
戒上型	有效土层厚度（厘米）	$y=1/[1+1.118\times10^{-4}\times(u-c)^2]$	160.00	≤25
戒上型	有机质（克/千克）	$y=1/[1+2.912\times10^{-3}\times(u-c)^2]$	28.40	≤5.00
戒上型	有效磷（毫克/千克）	$y=1/[1+3.035\times10^{-3}\times(u-c)^2]$	28.80	≤5.00
戒上型	速效钾（毫克/千克）	$y=1/[1+5.389\times10^{-5}\times(u-c)^2]$	228.76	≤50

3. 耕地地力要素的组合权重　应用层次分析法所计算的各评价因子的组合权重见表2－5。

表 2－5　陵川县耕地地力评价因子层次分析结果

指标层		准则层					组合权重
		C_1	C_2	C_3	C_4	C_5	$\sum C_iA_i$
		0.383 3	0.109 4	0.047 4	0.076 7	0.383 2	1.000 0
A_1	地形部位	0.652 5					0.250 1
A_2	成土母质	0.130 2					0.049 9
A_3	地面坡度	0.217 3					0.083 3
A_4	有效土层厚度		0.500 0				0.054 7
A_5	质地构型		0.500 0				0.054 7
A_6	耕层质地			0.748 9			0.035 5
A_7	有机质			0.251 1			0.011 9
A_8	有效磷				0.749 7		0.057 5
A_9	速效钾				0.250 3		0.019 2
A_{10}	灌溉保证率					0.833 2	0.319 3
A_{11}	梯田化水平					0.166 8	0.063 9

4. 耕地地力分级标准 陵川县耕地地力分级标准见表 2-6。

表 2-6 陵川县耕地地力等级标准

等级	生产能力综合指数	面积（亩）	百分比（%）
一	≥0.57	12 217.99	2.68
二	0.55～0.57	26 630.77	5.84
三	0.51～0.55	109 189.73	23.95
四	0.33～0.51	201 858.44	44.27
五	0.24～0.33	106 076.84	23.26

第六节 耕地资源管理信息系统建立

一、耕地资源管理信息系统的总体设计

1. 总体目标 耕地资源信息系统以一个县行政区域内耕地资源为管理对象，应用 GIS 技术对辖区内的地形、地貌、土壤、土地利用、农田水利、农业生产基本情况、基本农田保护区等资料进行统一管理，构建耕地资源基础信息系统，并将此数据平台与各类管理模型结合，对辖区内的耕地资源进行系统的动态管理，为农业决策者、农民和农业技术人员提供耕地质量动态变化、土壤适宜性、施肥咨询、作物营养诊断等多方位的信息服务。

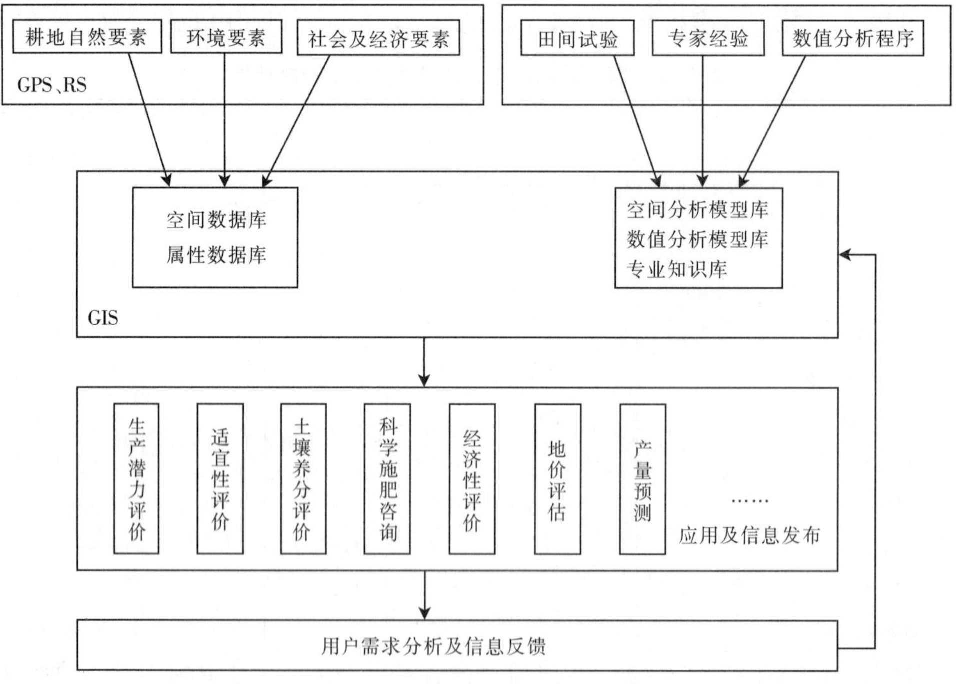

图 2-3 耕地资源管理信息系统结构

本系统行政单元为村，农田单元为基本农田保护块，土壤单元为土种，系统基本管理单元为土壤、基本农田保护块、土地利用现状叠加所形成的评价单元。

2. 系统结构　耕地资源管理信息系统结构如图 2－3 所示。

3. 县域耕地资源管理信息系统建立工作流程　县域耕地资源管理信息系统建立工作流程如图 2－4 所示。

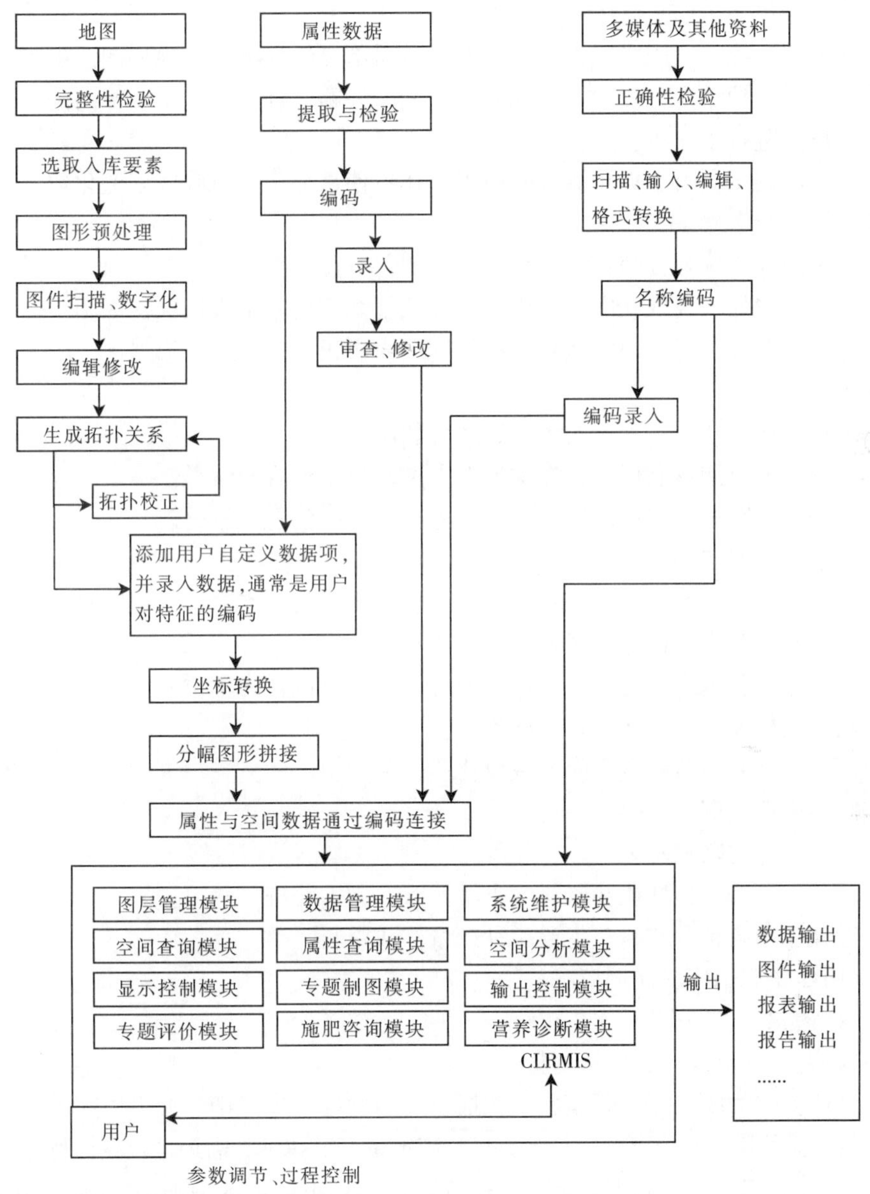

图 2－4　县域耕地资源管理信息系统建立工作流程

4. CLRMIS 配置

（1）硬件：P3/P4 及其兼容机，不小于 128M 的内存，不小于 20G 的硬盘，不小于 32M 的显存，A4 扫描仪，彩色喷墨打印机。

（2）软件：Windows98/2000/XP，Excel97/2000/XP 等。

二、资料收集与整理

1. 图件资料收集与整理 图件资料指印刷的各类地图、专题图以及数字化矢量和栅格图。图件比例尺为 1∶50 000 和 1∶10 000。

（1）地形图：统一采用中国人民解放军总参谋部测绘局测绘的地形图。由于近年来公路、水系、地形地貌等变化较大，因此采用水利、公路、规划、国土等部门的有关最新图件资料对地形图进行了修正。

（2）行政区划图：由于近年撤乡并镇等工作致使部分地区行政区划变化较大，因此按最新行政区划进行了修正。

（3）土壤图及土壤养分图：采用第二次土壤普查成果图。

（4）基本农田保护区现状图：采用国土局最新划定的基本农田保护区图。

（5）地貌类型分区图：根据地貌类型将辖区内农田分区，采用第二次土壤普查分类系统绘制成图。

（6）土地利用现状图：现有的土地利用现状图。

（7）土壤肥力监测点点位图：在地形图上准确标明位置及编号。

（8）土壤普查采样点点位图：在地形图上准确标明位置及编号。

2. 数据资料收集与整理

（1）基本农田保护区一级、二级地块登记表，国土局基本农田划定资料。

（2）其他有关基本农田保护区划定统计资料。

（3）近几年粮食单产、总产、种植面积统计资料（以村为单位）。

（4）其他农村及农业生产基本情况资料。

（5）历年土壤肥力监测点田间记载及化验结果资料。

（6）历年肥情点资料。

（7）县、乡、村名编码表。

（8）近几年土壤、植株化验资料（土壤普查、肥力普查等）。

（9）近几年主要粮食作物、主要品种产量构成资料。

（10）历年化肥销售、使用情况。

（11）土壤志、土种志。

（12）特色农产品分布、数量资料。

（13）当地农作物品种及特性资料，包括各个品种的全生育期、大田生产潜力、最佳播期、移栽期、播种量、栽插密度、百千克籽粒需氮量、需磷量、需钾量及品种特性介绍等。

（14）一元、二元、三元肥料肥效试验资料，计算不同地区、不同土壤、不同作物品种的肥料效应函数。

（15）不同土壤、不同作物基础地力产量占常规产量比例资料。

3. 文本资料收集与整理

（1）全县及各乡（镇）基本情况描述。

（2）各土种性状描述，包括其发生、发育、分布、生产性能、障碍因素等。

4. 多媒体资料收集与整理

（1）土壤典型剖面照片。

（2）土壤肥力监测点景观照片。

（3）当地典型景观照片。

（4）特色农产品介绍（文字、图片）。

（5）地方介绍资料（图片、录像、文字、音乐）。

三、属性数据库建立

（一）属性数据内容

CLRMIS主要属性资料及其来源见表2-7。

表2-7　CLRMIS主要属性资料及其来源

编号	名　　称	来　　源
1	湖泊、面状河流属性表	水利局
2	堤坝、渠道、线状河流属性数据	水利局
3	交通道路属性数据	交通局
4	行政界线属性数据	农业局
5	耕地及蔬菜地灌溉水、回水分析结果数据	农业局
6	土地利用现状属性数据	国土局、卫星图片解译
7	土壤、植株样品分析化验结果数据表	本次调查资料
8	土壤名称编码表	土壤普查资料
9	土种属性数据表	土壤普查资料
10	基本农田保护地块属性数据表	国土局
11	基本农田保护区基本情况数据表	国土局
12	地貌、气候属性表	土壤普查资料
13	县乡村名编码表	统计局

（二）属性数据分类与编码

数据的分类与编码是对数据资料进行有效管理的重要依据。编码的主要目的是节省计算机内存空间，便于用户理解使用。地理属性进入数据库之前进行编码是必要的，只有进行了正确的编码，空间数据库与属性数据库才能实现正确连接。编码格式有英文字母与数学组合。本系统主要采用数字表示的层次型分类编码体系，它能反映专题要素分类体系的基本特征。

（三）建立编码字典

数据字典是数据库应用设计的重要内容，是描述数据库中各类数据及其组合的数据集合，也称元数据。地理数据库的数据字典主要用于描述属性数据，它本身是一个特殊用途的文件，在数据库整个生命周期里都起着重要的作用。它避免重复数据项的出现，并提供了查询数据的唯一入口。

(四) 数据库结构设计

属性数据库的建立与录入可独立于空间数据库和 GIS 系统，可以在 Access、dBase、FoxBase 和 FoxPro 下建立，最终统一以 dBase 的 dbf 格式保存入库。下面以 dBase 的 dbf 数据库为例进行描述。

1. 湖泊、面状河流属性数据库 lake. dbf

字段名	属性	数据类型	宽度	小数位	量纲
lacode	水系代码	N	4	0	代码
laname	水系名称	C	20		
lacontent	湖泊储水量	N	8	0	万米^3
laflux	河流流量	N	6		米^3/秒

2. 堤坝、渠道、线状河流属性数据 stream. dbf

字段名	属性	数据类型	宽度	小数位	量纲
ricode	水系代码	N	4	0	代码
riname	水系名称	C	20		
riflux	河流、渠道流量	N	6		米^3/秒

3. 交通道路属性数据库 traffic. dbf

字段名	属性	数据类型	宽度	小数位	量纲
rocode	道路编码	N	4	0	代码
roname	道路名称	C	20		
rograde	道路等级	C	1		
rotype	道路类型	C	1		(黑色/水泥/石子/土)

4. 行政界线(省、市、县、乡、村)属性数据库 boundary. dbf

字段名	属性	数据类型	宽度	小数位	量纲
adcode	界线编码	N	1	0	代码
adname	界线名称	C	4		

adcode	name
1	国界
2	省界
3	市界
4	县界
5	乡界
6	村界

5. 土地利用现状属性数据库* landuse. dbf

字段名	属性	数据类型	宽度	小数位	量纲
lucode	利用方式编码	N	2	0	代码
luname	利用方式名称	C	10		

* 土地利用现状分类表

6. 土种属性数据表* soil. dbf

字段名	属性	数据类型	宽度	小数位	量纲
sgcode	土种代码	N	4	0	代码
stname	土类名称	C	10		
ssname	亚类名称	C	20		
skname	土属名称	C	20		
sgname	土种名称	C	20		
pamaterial	成土母质	C	50		
profile	剖面构型	C	50		
土种典型剖面有关属性数据					
text	剖面照片文件名	C	40		
picture	图片文件名	C	50		
html	HTML 文件名	C	50		
video	录像文件名	C	40		

* 土壤系统分类表

7. 土壤养分（pH、有机质、氮等）**属性数据库 nutr * * * *. dbf**

本部分由一系列的数据库组成，视实际情况不同有所差异，如在盐碱土地区还包括盐分含量及离子组成等。

（1）pH 库 nutrph. dbf

字段名	属性	数据类型	宽度	小数位	量纲
code	分级编码	N	4	0	代码
number	pH	N	4	1	

（2）有机质库 nutrom. dbf

字段名	属性	数据类型	宽度	小数位	量纲
code	分级编码	N	4	0	代码
number	有机质含量	N	5	2	百分含量

（3）全氮量库 nutrn. dbf

字段名	属性	数据类型	宽度	小数位	量纲
code	分级编码	N	4	0	代码

number	全氮含量	N	5	3	百分含量

（4）速效养分库 nutrp. dbf

字段名	属性	数据类型	宽度	小数位	量纲
code	分级编码	N	4	0	代码
number	速效养分含量	N	5	3	毫克/千克

8. 基本农田保护块属性数据库 farmland. dbf

字段名	属性	数据类型	宽度	小数位	量纲
plcode	保护块编码	N	7	0	代码
plarea	保护块面积	N	4	0	亩
cuarea	其中耕地面积	N	6		
eastto	东至	C	20		
westto	西至	C	20		
sorthto	南至	C	20		
northto	北至	C	20		
plperson	保护责任人	C	6		
plgrad	保护级别	N	1		

9. 地貌、气候属性表* landform. dbf

字段名	属性	数据类型	宽度	小数位	量纲
landcode	地貌类型编码	N	2	0	代码
landname	地貌类型名称	C	10		
rain	降水量	C	6		

* 地貌类型编码表

10. 基本农田保护区基本情况数据表

（略）

11. 县、乡、村名编码表

字段名	属性	数据类型	宽度	小数位	量纲
vicodec	单位编码—县内	N	5	0	代码
vicoden	单位编码—统一	N	11		
viname	单位名称	C	20		
vinamee	名称拼音	C	30		

（五）数据录入与审核

数据录入前进行了仔细的审核，数值型资料注意量纲、上下限，地名应该注意汉字多音字、繁简体、简全称等问题，审核定稿后录入。录入后再仔细检查，保证数据录入无误后，将数据库转为规定的格式（dBase 的 . dbf 格式文件），并根据数据字典中的文件名编码命名后保存在规定的子目录下。

文字资料以 TXT 格式命名保存，声音、音乐以 MAV 或 MID 文件保存，超文本以 HTML 格式保存，图片以 BMP 或 JPG 格式保存，视频以 AVI 或 MPG 格式保存，动画以 GIF

格式保存。这些文件分别保存在相应的子目录下，其相对路径和文件名录入相应的属性数据库中。

四、空间数据库建立

（一）数据采集的工艺流程

在耕地资源数据库建设中，数据采集的精度直接关系到现状数据库本身的精度和今后的应用，数据采集的工艺流程是关系到耕地资源信息管理系统数据库质量的重要基础工作。因此对数据的采集制订了一个详尽的工艺流程。首先对收集的资料进行分类检查、整理与预处理；其次，按照图件资料介质的类型进行扫描，并对扫描图件进行扫描校正；第三，进行数据的分层矢量化采集、矢量化数据的检查；最后，对矢量化数据进行坐标投影转换与数据拼接工作以及数据、图形的综合检查和数据的分层与格式转换。

具体数据采集的工艺流程如图 2-5 所示。

（二）图件数字化

1. 图件的扫描　由于所收集的图件资料为纸介质的图件资料，所以采用了灰度法进行扫描。扫描的精度为 300dpi。扫描完成后将文件保存为 *.tif 格式。在扫描过程中，为了能够保证扫描图件的清晰度和精度，对图件先进行预见扫描。在预见扫描过程中，检查扫描图件的清晰度，其清晰度必须能够区分图内的各要素，然后利用 Lontex Fss 8300 扫描仪自带的 CAD image/scan 扫描软件进行角度校正，角度校正后必须保证图幅下方两个内图廓点的连线与水平线的角度误差小于 0.2°。

2. 数据采集与分层矢量化　对图形的数字化采用交互式矢量化方法，确保图形矢量化的精度。在耕地资源信息系统数据库建设中采集的要素有：点状要素、线状要素和面状要素。由于所采集的数据种类较多，所以对所采集的数据按不同类型进行分层采集。

（1）点状要素的采集：可以分为两种类型，一是零星地类，另一种是注记点。零星地类包括一些有点位的点状零星地类和无点位的零星地类。对于有点位的零星地类，在数据的分层矢量化采集时，将点标记置于点状要素的几何中心点，对于无点位的零星地类在分层矢量化采集时，将点标记置于原始图件的定位点。农化点位等注记点的采集按照原始图件资料中的注记点，在矢量化过程中一一标注相应的位置。

（2）线状要素的采集：在耕地资源图件资料上的线状要素主要有水系、道路、带有宽度的线状地物界、地类界、行政界线、权属界线、土种界、等高线等，对于不同类型的线状要素，进行分层采集。线状地物主要是指道路、水系、沟渠等，线状地物数据采集时考虑到有些线状地物，由于其宽度较宽，如一些较大的河流、沟渠，它们在地图上可以按照图件资料的宽度比例表示为一定的宽度，则按其实际宽度的比例在图上表示；有些线状地物，如一些道路和水系，由于其宽度不能在图上表示，在采集其数据时，则按栅格图上的线状地物的中轴线来确定其在图上的实际位置。对地类界、行政界、土种界和等高线数据的采集，保证其封闭性和连续性。线状要素按照其种类不同分层采集、分层保存，以备数据分析时进行利用。

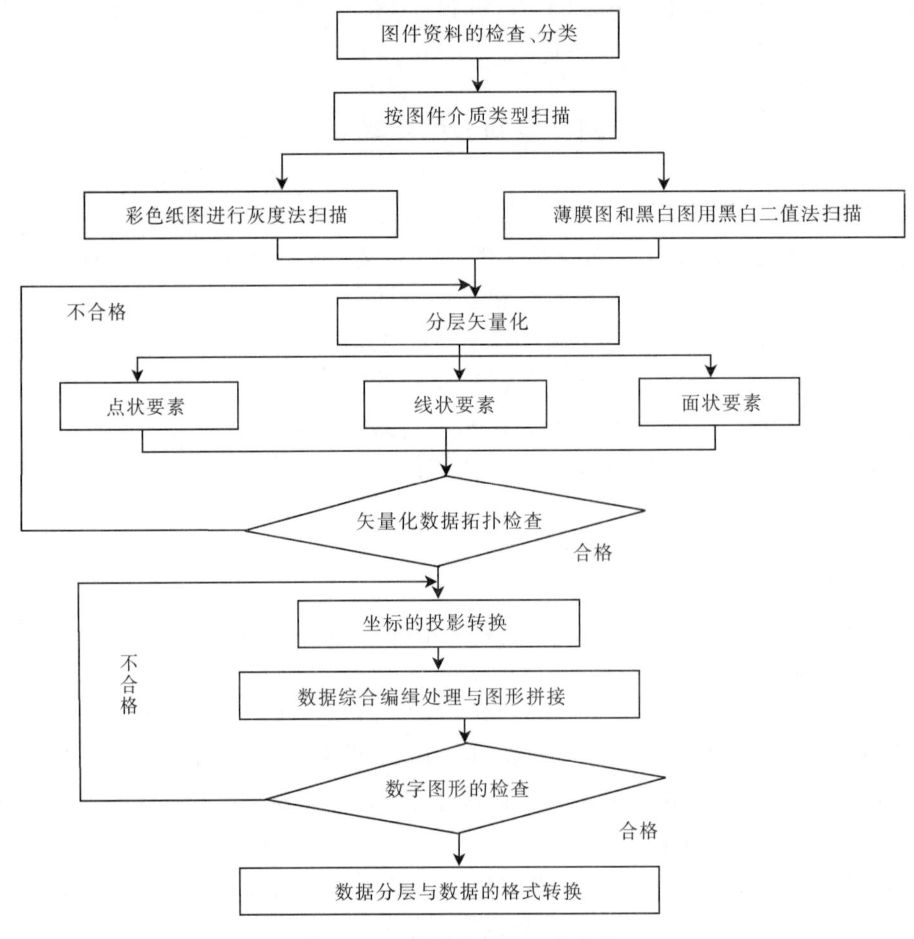

图 2－5　数据采集的工艺流程

（3）面状要素的采集：面状要素地在线状要素采集后，通过建立拓扑关系形成区后进行，由于面状要素是由行政界线、权属界线、地类界线和一些带有宽度的线状地物界等结状要素所形成的一系列的闭合性区域，其主要包括行政区、权属区、土壤类型区等图斑。所以对于不同的面状要素，采用不同的图层对其进行数据的采集。考虑到实际情况，将面状要素分为行政区层、地类层、土壤层等图斑层。将分层采集的数据分层保存。

（三）矢量化数据的拓扑检查

由于在矢量化过程中不可避免地要存在一些问题，因此，在完成图形数据的分层矢量化以后，要进行下一步工作时，必须对分层矢量化以后的数据进行矢量化数据的拓扑检查。在对矢量化数据的拓扑检查中主要是完成以下几方面的工作。

1. 消除在矢量化过程中存在的一些悬挂线段　在线状要素的采集过程中，为了保证线段完全闭合，某些线段可能出现相互交叉的情况，这些均属于悬挂线段。在进行悬挂线段的检查时，首先使用 MapGIS 的线文件拓扑检查功能，自动对其检查和清除，如果其不能够自动清除的，则对照原始图件资料进行手工修正。对线状要素进行矢量化数据检查完成以后，随即由作图员对所矢量化的数据与原始图件资料相对比进行检查，如果在对检查过程中发现有一些通过拓扑检查所不能够解决的问题，矢量化数据的精度不符合精度要求的，或者是某些线状要素存在着一定的位移而难以校正的，则对其中的线状要素进行重新矢量化。

2. 检查图斑和行政区等面状要素的闭合性　图斑和行政区是反映一个地区耕地资源状况的重要属性，在对图件资料中的面状要素进行数据的分层矢量化采集中，由于图件资料中所涉及的图斑较多，在数据的矢量化采集过程中，有可能存在着一些图斑或行政界的不闭合情况，可以利用 MapGIS 的区文件拓扑检查功能，对在面状要素分层矢量化采集过程中所保存的一系列区文件进行矢量化数据的拓扑检查。在拓扑检查过程中可以消除大多数区文件的不闭合情况。对于不能够自动消除的，通过与原始图件资料的相互检查，消除其不闭合情况。如果通过对适量化以后的区文件的拓扑检查，可以消除在矢量化过程中所出现的上述问题，则进行下一步工作，如果在拓扑检查以后还存在一些问题，则对其进行重新矢量化，以确保系统建设的精度。

（四）坐标的投影转换与图件拼接

1. 坐标转换　在进行图件的分层矢量化采集过程中，所建立的是图面坐标系（其单位是毫米），而在实际应用中，则要求建立平面直角坐标系（其单位是米）。因此，必须利用 MapGIS 所提供的坐标转换功能，将图面坐标转换成为正投影的大地直角坐标系。在坐标转换过程中，为了能够保证数据的精度，可根据提供数据源的图件精度的不同，在坐标转换过程中，采用不同的质量控制方法进行坐标转换工作。

2. 投影转换　县级土地利用现状数据库的数据投影方式采用高斯投影，也就是将进行坐标转换以后的图形资料，按照大地坐标系的经纬度坐标进行转换，以便以后进行图件拼接。在进行投影转换时，对 1∶10 000 土地利用图件资料，投影的分带宽度为 3°。但是根据地形的复杂程度，行政区的跨度和图幅的具体情况，对于部分图形采用非标准的 3°分带高斯投影。

3. 图件拼接　陵川县提供的 1∶10 000 土地利用现状图是采用标准分幅图，在系统建设过程中对图幅进行了拼接。在图斑拼接检查过程中，相邻图幅间的同名要素误差小于 1 毫米，这时移动其任何一个要素进行拼接，同名要素间距在 1～3 毫米的处理方法是将两个要素各自移动一半，在中间部分结合，这样图幅拼接完全满足了精度要求。

五、空间数据库与属性数据库的连接

MapGIS 系统采用不同的数据模型分别对属性数据和空间数据进行存储管理，属性数据采用关系模型，空间数据采用网状模型。两种数据的连接非常重要。在一个图幅工作单元 Coverage 中，每个图形单元由一个标识码来唯一确定。同时一个 Coverage 中可以若干个关系数据库文件即要素属性表，用以完成对 Coverage 的地理要素的属性描述。图形单元标识码是要素属性表中的一个关键字段，空间数据与属性数据以此字段形成关联，完成对地图的模拟。这种关联是 MapGIS 的两种模型联成一体，可以方便地从空间数据检索属性数据或者从属性数据检索空间数据。

对属性与空间数据的连接采用的方法是：在图件矢量化过程中，标记多边形标识点，建立多边形编码表，并运用 MapGIS 将用 foxpro 建立的属性数据库自动连接到图形单元中。

第三章　耕地土壤属性

第一节　耕地土壤类型

一、土壤类型及分布

根据全国第二次土壤普查，1984 年山西省陵川县第二次土壤普查土壤工作分类系统，陵川县土壤共分两大土类，6 个亚类，25 个土属，53 个土种。根据 1985 年山西省第二次土壤普查土壤工作分类，陵川县土壤分为四大土类，6 个亚类，14 个土属，29 个土种。具体分布见表 3-1。

表 3-1　陵川县土壤分布状况

土类	面积（亩）	亚类面积（亩）	分　　布
褐土	419 526.160 3	淋溶褐土 10 085.957 17	主要分布在马圪当、横水河以东的古郊、六泉、古郊 3 个乡，海拔 1 300～1 600 米
		褐土性土 403 601.439 9	在东西两大河流的河谷与高阶地，西部和东中部西河底、崇文、附城、平城、礼义、杨村镇、秦家庄等乡（镇）的丘陵、山坡地带，全县的其他乡（镇）都有分布
		典型褐土 5 838.763 18	主要分布在礼义、崇文山丘间盆地
粗骨土	2 673.175 78	钙质粗骨土 2 673.175 78	主要分布在东南部山区的陡坡或陡坡下部的洪积—坡积堆上
红黏土	33 508.012 61	红黏土 33 508.012 61	主要分布在夺火乡，在附城、西河底、杨村等乡（镇）呈零星分布
潮土	266.416 7	潮土 266.416 7	主要分布在马圪当乡的古石村和附城镇的台北村等开阔谷地的河床和河漫滩上
四大土类	455 973.765 4	455 973.765 4	

注：表中分类是按 1985 年分类系统分类。

二、土壤类型特征及主要生产性能

（一）褐土

褐土是陵川县的主要土类，面积 41.95 万亩，占普查面积的 92.01%，广泛分布在全县的各个乡（镇）。由于所处地形、气候、生物等自然环境条件的不同，成土过程和剖面性态差异较大。根据其不同的附加成土过程和剖面性态特征把褐土分为淋溶褐土，褐土性土，典型褐土 3 个亚类，现分述如下。

1. 淋溶褐土　淋溶褐土主要分布在陵川县东南部石质山区的一些高寒地带，海拔高度在1 300～1 600 米，面积1.009 万亩，占本次普查面积的2.38%。母质多为黄土、红黄土、红土、砂页岩风化物，由于母质不同，又可划分为沙泥质淋溶褐土、黄土质淋溶褐土、红黄土质淋溶褐土 3 个土属。

（1）沙泥质淋溶褐土：土种：沙泥质淋土（中层砂页岩质淋溶褐土）主要分布于崇文镇郭家川一带的阴坡，海拔在 1 300 米左右，土层浅薄，植被以人工栽培油松为主，表层腐殖质覆盖层较薄，1 厘米左右，质地偏轻，土壤养分偏少，土壤有机质含量不到 2%，土体中碳酸钙基本被淋洗，通体碳酸钙含量甚微，但淋溶淀积较为明显。

（2）黄土质淋溶褐土：土种：黄淋土（中层黄土质淋溶褐土、厚层黄土质淋溶褐土）主要分布在六泉乡的板山、佛山、老山等山地，海拔 1 500～1 800 米。植被以油松为主，树下着生一些喜阴性草本植被，如梅花草、裂丝石竹、石榆等。覆盖率较高。表层主要为枯枝落叶层 3～5 厘米，母质为黄土，有一定程度的侵蚀，但较弱，土体厚薄差异较大。该土种多为自然土壤，耕地占极少数，面积 0.58 万亩，仅占该土种面积的 4%，而且分布零碎，受热量制约不利于农作物生长，应退耕还林。

（3）红黄土质淋溶褐土：土种：红黄淋土（中层红黄土质淋溶褐土、薄层红土质淋溶褐土、厚层红土质淋溶褐土）主要分布在古郊、马圪当、夺火一带，在附城镇丈河村的东南部山地也有零星分布，海拔 1 350～1 500 米。植被多为次生林和人工林，树种以油松、山杨为主，同时林下还间生有灌木草本植被，一般坡度较陡，属早期侵蚀裸露而形成。全剖面母质特征明显，土体中淋溶作用强烈，全剖面碳酸钙基本被淋洗，黏化层不明显。通体无石灰反应。该土种多为自然土壤，耕地土壤仅占该土种面积的 5%，且分布零碎，由于热资源不足，不利于农业生产，应退耕还林。

2. 褐土性土　褐土性土在全县分布面积最大、范围最广，面积为 40.36 万亩，占褐土土类的 96.2%，占本次普查面积的 88.51%，是全县的主要农业土壤。根据母质类型、表层质地等划分为 7 个土属，21 个土种。

（1）沙泥质褐土性土（砂页岩质山地褐土）分为 4 个土种：

①薄沙泥质立黄土（薄层少砾砂页岩质山地褐土）：该土种面积 0.90 万亩，占普查面积的 1.97%，主要分布在全县的礼义、附城、平城、六泉等乡（镇）的山地中上部。土层极薄，多小于 30 厘米，土体中夹有砾石，植被主要为旱生草本和灌木，如圪针、唐松草等，质地轻壤，成土母质为砂页岩风化残积物，结构极差。碳酸钙反应微弱，酸碱度中性至微碱性，土壤养分贫瘠。应封山育草，保持水土，提高草本覆盖率，发展畜牧业。

②沙泥质立黄土（中层少砾砂页岩质山地褐土）：该土种面积 1.25 万亩，占普查面积的 2.75%，该土种土体厚度为 30～80 厘米，地上部分多生长着灌木草本植被，局部地方为人工油松代替。土层厚度适中，砾石较少，土壤结构呈粒状，质地偏轻，多为砂质壤土，土壤发育较弱。自然肥力较低，应草木、灌木、乔木相结合综合治理，

增加地面覆盖，减少水土流失。对原有林木加强管理，也可人工种植牧草，发展畜牧业。

③耕薄沙泥质立黄土（耕种薄层中壤多砾砂页岩质山地褐土）：该土种面积 0.30 万亩，占普查面积的 0.65%，主要分布在西河底、附城、杨村等镇的山丘中上部。母质特征明显，并混有黄土。坡度较陡，侵蚀较严重，土层薄，砾石多，结构差，作物扎根难。主要种植作物为玉米、谷子、豆类等，为一年一作，土层薄，作物扎根条件差，吸水困难，是全县低产土壤，应逐步退耕还牧。

④耕沙泥质立黄土（耕种中层中壤少砾砂页岩质山地褐土、耕种厚层轻壤砂页岩质山地褐土、耕种厚层中壤少砾砂页岩质山地褐土）：该土种面积 1.15 万亩，占普查面积的 2.52%。主要分布在晋陵公路以北的山坡地带和平城、六泉一带的低凹缓坡地带。少部分土体中有少量砾石，土层较厚，一般为 30～100 厘米。质地轻壤至中壤，种植作物主要为玉米、谷子、马铃薯等。今后在改良利用上依据土层厚度，若小于 50 厘米，可退耕还果、还林、用于中药材开发或还牧。若大于 50 厘米，应做好修边垒堺，平田整地工作，防旱保墒，用养结合，继续种植农作物，加大秸秆还田力度，增施有机肥，做到科学施肥，逐步培肥土壤，将低产田变成中产田，中产田变成高产高效田。

（2）灰泥质褐土性土。本土属分 5 个土种。

①薄砾灰泥质立黄土（薄层少砾石灰岩质山地褐土、薄层多砾石灰岩质山地褐土）：该土种面积 4.53 万亩，占普查面积的 9.931%。遍布全县海拔 1 300～1 600 米的石质丘陵山坡地带。土壤母质主要为石灰岩风化残积物。植被以石榆、黄花条、黄刺玫、酸枣、白草、荆条以及蒿属等，还间生草本类型。土层极薄，土体中夹有不等量的砾石，碳酸钙含量丰富，植被稀疏，岩石裸露，土体干旱，水土流失严重。该土种多为荒山荒坡，应以封山育苗，增加覆盖，防侵固土为主要措施。

②灰泥质立黄土（中层石灰岩质山地褐土、中层少砾石灰岩质山地褐土）：该土种面积 4.20 万亩，占普查面积的 9.2%。母质为石灰岩风化残积物，土层较厚，30～80 厘米，多分布在山地缓坡地带段，土体中含有少量砾石，表层质地为中壤，土壤养分状况良好，有机质含量高，pH 在 7.7～8，呈微碱性反应，通体石灰反应强烈。由于地形起伏大，植被覆盖差，土壤干旱，水土流失严重，自然林木管理不善，今后应以封山育林为主，也可结合小流域治理，实行林药间作，提高植被覆盖率。

③砾灰泥质立黄土（中层多砾石灰岩质山地褐土）：该土种面积 3.01 万亩，占普查面积的 6.6%。分布在陵川县东中部的中低山中上部，母质为石灰岩风化残积物，土层较薄，植被条件差，砾石含量多，土壤发育比较稳定，水土流失严重，今后应退耕还林，以发展林业为主。

④耕薄灰泥质立黄土（耕种薄层中壤少砾石灰岩质山地褐土）：该土种面积 0.07 万亩，占普查面积的 0.15%。分布于陵川县东中部山地的中低山上部，母质为石灰岩风化残积物，残存的土体极薄，土层厚度小于 30 厘米，土体中并含有少量砾石，质地中壤，结构多为块状或碎块状结构，作物扎根条件差。土壤侵蚀严重，潜在肥力低，应逐步退耕还林还牧。

⑤耕灰泥质立黄土（耕种中层中壤少砾石灰岩质山地褐土、耕种中层重壤少砾石灰岩

质山地褐土、耕种中层中壤多砾石灰岩质山地褐土、耕种厚层中壤多砾石灰岩质山地褐土)：该土种面积0.30万亩，占普查面积的0.66%。主要分布在陵川县东南部石质山区和中部土石山区的山地中上部，母质为石灰岩风化残积物，耕层浅薄，质地中壤至重壤，夹有不同含量的砾石，种植作物主要为玉米、谷子、马铃薯，由于地块狭窄，耕作粗放，施肥量少，产量低，是陵川县的中低产田，应修筑水平梯田，增施有机肥，实施秸秆还田，培肥地力；对于砾石含量多的，应逐步退耕还林。

(3) 黄土质褐土性土，分为4个土种。

①耕少砾立黄土（耕种薄层中壤少砾黄土质山地褐土、耕种中层中壤黄土质山地褐土、耕种厚层中壤黄土质山地褐土)：该土种面积3.02万亩，占普查面积的6.63%。主要分布在陵川县中东部山坡中下部，多以梯田形式出现，母质为马兰黄土。下伏基岩多为石灰岩，通体石灰反应强烈，土体厚度多随地形起伏和坡度变化而不一。土壤质地中壤，除耕种薄层中壤少砾黄土质山地褐土分布位置较高，坡面较陡，土层最薄、土壤层次发育不良，土体中有少量砾石，造成耕作和作物生长困难外，其他土层较厚，质地适中，耕性良好，宜耕期长，易促苗，但土体干旱，耕作粗放，用养失调，产量高低不一。对边远山地坡度较大、土层较薄的的地块应坡改梯，建设水平梯田，同时要注重深耕改土，增加活土层；果粮间作、果药间作，对土层比较深厚的土壤要实行平衡施肥，协调氮磷钾比例，提高粮食单产。

②耕二合立黄土（耕种厚层重壤黄土质山地褐土)：该土种面积1.55万亩，占普查面积的3.40%。主要分布在中东部山地、丘陵中、下部的缓坡地段，母质为马兰黄土，土质黏重，土层深厚，保水保肥能力较强，表层有机质较高，应搞好基本农田建设，实行秸秆还田，蓄水保墒，实行测土配方施肥，提高单产。

③耕底黑立黄土（耕种中壤深位厚黑垆土层黄土质褐土性土)：该土种面积0.06万亩，占普查面积的0.13%。主要分布在崇文镇甘井掌、南四渠一带的丘陵坡地，母质属马兰黄土，土层深厚，剖面发育良好，土体中有碳酸钙和黏粒淀积现象，通体石灰反应强烈，耕作层厚度20厘米左右，心土层为壤土，底土层为黑垆土层，暗褐色，黏壤土。该土种面积不大，是陵川县的中高产土壤，生产性能是保水保肥较好，耐旱耐涝。宜耕期长，适种作物广，水肥气热协调，但土体干旱，无浇灌条件，以后要注重修边垒堺，里切外垫，建设高水平梯田。

④耕立黄土（耕种中壤深位厚卵石层黄土质褐土性土、耕种中壤黄土质褐土性土)：该土种面积5.49万亩，占普查面积的12.03%。主要分布于东西两大河流沿岸，以及西部附城、礼义、西河底等丘陵地带的沟谷沿岸。是陵川县较为理想的中高产土壤，母质属马兰黄土。地块较大，地面坡度较小，侵蚀弱，土体深厚，质地均匀，砂质壤土，熟化程度较高，通透性能好，保水保肥，宜耕宜种，适种范围广。今后应在合理轮作，粮豆轮作，用养结合，实施秸秆还田，培肥地力上下工夫。

(4) 红黄土质褐土性土分为2个土种。

①红立黄土（中层红黄土质山地褐土)：该土种面积1.44万亩，占普查面积的3.17%。主要分布在东南部石质山区中上部，所处地形部位较高，覆盖马兰黄土被剥蚀，红色黄土裸露地表。由于地形坡度的差异，土壤侵蚀程度很不一致，导致土层残存厚薄不

一，土体中有一定的淋溶作用，质地中壤至重壤。土体干旱，不适宜农用，应发展林业、牧业生产。

②耕红立黄土（耕种厚层重壤红黄土质山地褐土、耕种中壤深位厚垆层红黄土质褐土性土、耕种中壤红黄土质褐土性土）：该土种面积 9.96 万亩，占普查面积的 21.84%。是陵川县耕地土种面积最大，分布范围最广的一个土种，在东部主要分布于山地中下部缓坡地段；在中西部则分布在丘陵中上部，晋陵公路沿线分布最广。属离石黄土母质，土壤质地中壤至重壤，土层深厚，有少部分土体中伴有垆层，但由于位置较深，对作物生长影响不大，石灰反应强烈。从土体构型上还是一个比较理想的土种。在改良利用方面，中东部要以修边垒堨、地膜覆盖、秸秆覆盖，建设高水平梯田为主要措施，西部则以增加有机肥料投入或实施秸秆还田提高土壤肥力等措施为主。

③耕二合红立黄土（耕种中壤浅位薄层多料姜红黄土质褐土性土、耕种重壤红黄土质褐土性土）：该土种面积 0.56 万亩，占普查面积的 1.22%。主要分布在秦家庄乡的长珍脚村南丘陵中上部，在西部其他乡镇丘陵缓坡地带也有零星分布，母质为红黄土（离石黄土），质地中壤至重壤，屑粒结构，由于夹层有料姜出现，影响作物根系下扎，致使产量不高。但质地较黏重的土壤，结构紧密，保水保肥性肥较强，农作物生长发老不发小，宜耕期短，所以深耕改土，加厚活土层，增施有机肥，熟化土壤，改善土壤物理性状，是提高该土种生产潜力的主要措施。

（5）沟淤褐土性土分为 3 个土种。

①底砾沟淤土（耕种中壤沟淤山地褐土、耕种中层重壤沟淤山地褐土、耕种中壤深位厚沙砾层沟淤褐土性土）该土种面积 0.93 万亩，占普查面积的 2.04%。广泛分布在全县山地或丘陵沟谷，在地边或堨后生长着一些旱生性杂草和灌木植被，如圪针、荆条、白草、灰蒿等，成土母质为沟淤物，由于沟淤物质不同，不同质地、土层厚度也有较大差异。虽然部分耕地在 60 厘米以下有卵石或沙砾层出现，但对农作物生长影响不大，主要种植作物为玉米。今后应重点搞好农田基本建设，修坝、固土、排水，逐步增加土层厚度，充分发挥土地生产潜力。

②沟淤土（耕种中壤沟淤褐土性土）：该土种面积 0.62 万亩，占普查面积的 1.36%。主要分布在西河底、附城、礼义、秦家庄、潞城、崇文等乡镇的丘陵沟谷，成土母质为沟淤物，土层深厚，土质疏松，层次明显，石灰反应强烈，耕种性较好，适种范围广，是本土属产量最高的农业土壤。存在问题是养分含量较低，易受洪水威胁，主要措施是防洪筑坝，增施有机肥，科学施用化肥，提高土壤肥力。

③夹砾二合沟淤土（耕种中壤浅位厚沙砾层沟淤褐土性土）：该土种面积 0.14 万亩，占普查面积的 0.31%。主要分布在崇文镇大会村至潞城镇石掌一带的河谷，发育在早期的河漫滩上，其他乡镇的沟谷地带也有零星分布，属沟淤母质，土层仅有 60 厘米，底层则属于沙砾层，保水保肥性能差，应引洪灌淤，加厚土层，充分利用其聚水地形，建设高标准的沟坝地。

（6）堆垫褐土性土：土种：堆垫土（耕种中层轻壤堆垫山地褐土、耕种中壤堆垫褐土性土）。该土种面积 0.349 8 万亩，占普查面积的 0.77%。主要分布在西中部的丘间沟谷以及东部石质山区的宽谷地带，多由人工农田基本建设堆垫而成，土层较厚，表层质地多为壤土，耕性良好，结构疏松，通体石灰反应强烈，土壤有机质含量高，今后只要加坝拦洪，加厚土层，实施秸秆还田，增加有机肥料施用量，合理施用化肥等措施，增产潜力还是很大的。

（7）洪积褐土性土：土种：耕洪立黄土（耕种中壤洪积—淤积褐土性土）。该土种面积0.536 7万亩，占普查面积的1.18%。主要分布在杨村、平城等乡镇的丘间川地，所处地势平坦，土体深厚，土质适中，土性良好，土壤发育较为稳定，土壤松紧度上松下紧，由于所处地势条件优越，施肥水平高，是全县较为理想的农业土壤。以后应以培肥地力，发展灌溉，调整作物布局为主要措施，建成高产、高效的农田。

3. 典型褐土　集中分布在礼义、崇文2个镇的山丘间盆地，面积0.58亩，占普查面积的1.28%，是陵川县的一个高产耕种土壤。母质多为黄土状母质，质地较黏，颜色较深，土体中有一定的黏化现象，碳酸钙淀积也较为明显。根据母质类型，本亚类划分为一个土属：黄土状褐土，根据表层质地和土体构型，划分为一个土种：深黏绵垆土。（耕种重壤黄土状碳酸盐褐土），该土种特性基本与本亚类一致。今后在利用措施上主要是平整田面，深耕深松，加深活土层；合理布局作物，充分挖掘生产潜力，提高单产及经济效益；增施农家肥，继续推广秸秆还田，进一步提高地力。

（二）粗骨土

粗骨土是发育在石灰岩等钙质岩石风化物上的土壤，本土类面积较小，仅有0.27万亩，占普查面积的0.59%。主要分布在东南部山区的陡坡或中低山上、中部的坡腰，土层极薄，土体中含有大量的半风化物或砾石，母质多为石灰岩风化残积物，是陵川县质量最差，利用价值最低的一个土类。本土类划分为一个亚类：钙质粗骨土，一个土属：钙质粗骨土，只有一个土种：薄灰渣土（薄层石灰岩质粗骨性褐土）。

由于该土种土层极薄，砾石多，应以植草护坡，固土保水为主，适当限制放牧，增加植被，促进土壤发育。

（三）红黏土

红黏土的形成是在第三纪高温高湿气候条件下，经富铝化成土过程而形成的基本剖面特征。由于所处地势较高，坡度较陡，土壤侵蚀严重，上部黄土、红土被剥蚀，第三纪红土裸露地表，全剖面土色棕红色或暗红色，质地黏重，结构致密，结构面上铁锰胶膜非常明显，通体石灰反应微弱或没有，呈中性反应。该土类分红黏土一个亚类，一个红黏土土属（红土质山地褐土、耕种红土质山地褐土），分2个土种：大瓣红土、耕大瓣红土。

1. 大瓣红土（薄层红土质山地褐土、中层红土质山地褐土）　面积0.88万亩，占本次普查面积的1.92%。主要分布在陵川县的夺火乡、附城镇的丈河，是在红土母质上发育形成的，自然植被以灌木为主，间生草本，性态特征与红黏土土类相似。土层厚度不一，土层薄的小于30厘米，较厚的多在50～70厘米。主要以发展林牧业，植草护坡，增加植被为主。

2. 耕大瓣红土（耕种中层重壤红土质山地褐土、耕种厚层重壤红土质山地褐土、耕种红黏土质褐土性土）　面积2.47万亩，占普查面积的5.43%。分布在地形较高，坡度较陡的山梁或山顶上，母质为红土，土层较薄，质地黏重，块状，结构致密紧实，中下层作物根系少，通气透水性能差，但保水保肥能力较强，耕作难，常有“干时一把刀，湿时一团糟”的说法，宜耕期很短，主要种植作物为谷子、豆类。今后应抓好深翻土地，加厚活土层；其次采用掺砂、炉灰改善土壤通透性能；第三增施农家肥，开展秸秆还田，提高土壤肥力。

（四）潮土

潮土是受地下水影响较大的土壤，土体湿润，水分充足，面积 0.03 万亩，占普查面积的 0.06%，主要分布在马圪当、附城镇一带较为开阔谷地，植被主要有薄荷、水蓼、大车前、三棱草、水苇、水莲等水生或喜湿性草本植物。成土母质属于近代河流淤积物，质地差异较大，淤积物错综复杂，土体层次明显，划分为一个潮土亚类，一个洪冲积潮土土属（浅色草甸土、耕种浅色草甸土），一个洪潮土土种。

土种：洪潮土（中壤体砾浅色草甸土、耕种轻壤底沙砾浅色草甸土、耕种中壤底卵石浅色草甸土）。主要分布在附城镇台北、马圪当乡古石村一带的河滩上，耕种土壤表层腐殖质层已不明显，有机质含量在 1.8%左右，pH 在 7.7～8.1，土质适中，宜耕期长，但易受洪水危害，土体构型较差。但该土种由于分布地势低，热资源丰富，水分充足，种植作物主要为玉米、小麦、豆类，一年两作或两年三作，增产潜力很大，但要加大有机质投入，实行有机无机相结合，增施农肥或实施秸秆还田，注重用地养地相结合。

第二节　有机质及大量元素

土壤大量元素背景值的表达方式以各统计单元养分汇总结果的算术平均值和标准差来表示，分别以单体 N、P、K 表示。表示单位：有机质、全氮用克/千克表示，有效磷、速效钾、缓效钾用毫克/千克表示。

一、含量与分布

土壤有机质、全氮、有效磷、速效钾等以《山西省耕地土壤养分含量分级参数表》为标准，各分 6 个级别。见表 3－2。

（一）有机质

全县耕地土壤有机质含量变化为 14.25～30 克/千克，平均值为 24.05 克/千克，属二级水平。有机质具体含量与分布见表 3－3。

（1）不同行政区域：平城镇平均值最高平均值为 27.65 克/千克；其次是六泉乡平均值为 27.01 克/千克，夺火乡平均值为 26.19 克/千克，秦家庄乡平均值为 24.95 克/千克，潞城镇平均值为 24.28 克/千克，崇文镇平均值为 24.25 克/千克，古郊乡平均值为 24.1 克/千克，杨村镇平均值为 23.43 克/千克，礼义镇平均值为 22.8 克/千克，附城镇平均值为 22.75 克/千克，马圪当乡平均值为 21.74 克/千克；最低是西河底镇，平均值为 19.43 克/千克。

（2）不同地形部位：中低山上、中部坡腰平均值最高，平均值为 24.39 克/千克；

其次是山地、丘陵（中、下）部的缓坡地段（地面有一定的坡度），平均值为24.03克/千克，丘陵低山中、下部及坡麓平垣地平均值为23.99克/千克，低山丘陵坡地平均值为23.49克/千克，沟谷地平均值为23.12克/千克；最低是河流宽谷阶地平均值为19.14克/千克。

表3-2　山西省耕地地力土壤养分耕地标准

级　别	Ⅰ	Ⅱ	Ⅲ	Ⅳ	Ⅴ	Ⅵ
有机质（克/千克）	＞25.00	20.01～25.00	15.01～20.00	10.01～15.00	5.01～10.00	≤5.00
全氮（克/千克）	＞1.50	1.201～1.50	1.001～1.200	0.751～1.000	0.501～0.750	≤0.50
有效磷（毫克/千克）	＞25.00	20.01～25.00	15.1～20.0	10.1～15.0	5.1～10.0	≤5.0
速效钾（毫克/千克）	＞250	201～250	151～200	101～150	51～100	≤50
缓效钾（毫克/千克）	＞1 200	901～1 200	601～900	351～600	151～350	≤150
阳离子交换量（里摩尔/千克）	＞20.00	15.01～20.00	12.01～15.00	10.01～12.00	8.01～10.00	≤8.00
有效铜（毫克/千克）	＞2.00	1.51～2.00	1.01～1.50	0.51～1.00	0.21～0.50	≤0.20
有效锰（毫克/千克）	＞30.00	20.01～30.00	15.01～20.00	5.01～15.00	1.01～5.00	≤1.00
有效锌（毫克/千克）	＞3.00	1.51～3.00	1.01～1.50	0.51～1.00	0.31～0.50	≤0.30
有效铁（毫克/千克）	＞20.00	15.01～20.00	10.01～15.00	5.01～10.00	2.51～5.00	≤2.50
有效硼（毫克/千克）	＞2.00	1.51～2.00	1.01～1.50	0.51～1.00	0.21～0.50	≤0.20
有效钼（毫克/千克）	＞0.30	0.26～0.30	0.21～0.25	0.16～0.20	0.11～0.15	≤0.10
有效硫（毫克/千克）	＞200.00	100.1～200	50.1～100.0	25.1～50.0	12.1～25.0	≤12.0
有效硅（毫克/千克）	＞250.0	200.1～250.0	150.1～200.0	100.1～150.0	50.1～100.0	≤50.0
交换性钙（克/千克）	＞15.00	10.01～15.00	5.01～10.0	1.01～5.00	0.51～1.00	≤0.50
交换性镁（克/千克）	＞1.00	0.76～1.00	0.51～0.75	0.31～0.50	0.06～0.30	≤0.05

（3）不同母质：黄土母质平均值最高，为26.02克/千克；其次是洪积物平均值为24.82克/千克，残积物平均值为24.31克/千克，马兰黄土平均值为24.25克/千克，人工堆垫物平均值为24.16克/千克，离石黄土平均值为24.03克/千克，黏质黄土母质平均值为23.52克/千克，红土母质平均值为22.87克/千克，黄土状母质平均值为22.86克/千克；最低是冲积物，平均值为22.84克/千克。

（4）不同土壤类型：粗骨土最高，平均值为25.59克/千克；其次是褐土平均值为24.14克/千克，红黏土平均值为22.87克/千克；最低是潮土，平均值为19.14克/千克。

（二）全氮

全县耕地土壤全氮含量变化为0.95～2.15克/千克，平均值为1.38克/千克，属二级水平。全氮具体含量与分布见表3-3。

（1）不同行政区域：古郊乡平均值最高，平均值为1.54克/千克；其次是六泉乡，平均值为1.52克/千克，平城镇平均值为1.51克/千克，夺火乡平均值为1.47克/千克，马圪当乡平均值为 1.45 克/千克，潞城镇平均值为 1.43 克/千克，崇文镇平均值为 1.38 克/千克，秦家庄乡平均值为 1.34 克/千克，礼义镇平均值为 1.33 克/千克，附城镇平均值为 1.26 克/千克，杨村镇平均值为 1.26 克/千克；最低是西河底镇，平均值为 1.13 克/千克。

（2）不同地形部位：中低山上、中部坡腰平均值最高，平均值为 1.43 克/千克；其次是山地、丘陵（中、下）部的缓坡地段（地面有一定的坡度）平均值为 1.37 克/千克，丘陵低山中、下部及坡麓平垣地平均值为 1.35 克/千克，低山丘陵坡地平均值为 1.32 克/千克；沟谷地平均值为 1.31 克/千克；最低是河流宽谷阶地，平均值为 1.2 克/千克。

（3）不同母质：黄土母质平均值最高，为 1.53 克/千克；其次是残积物，平均值为 1.41 克/千克，离石黄土平均值为 1.38 克/千克，马兰黄土平均值为 1.38 克/千克，黏质黄土母质平均值为 1.37 克/千克，人工堆垫物平均值为 1.35 克/千克，洪积物平均值为 1.35 克/千克，黄土状母质平均值为 1.34 克/千克，红土母质平均值为 1.31 克/千克；最低是冲积物，平均值为 1.3 克/千克。

（4）不同土壤类型：褐土最高，平均值为 1.39 克/千克；其次是粗骨土平均值为 1.34 克/千克，红黏土平均值为 1.31 克/千克；最低是潮土，平均值为 1.2 克/千克。

（三）有效磷

全县耕地土壤有效磷含量变化为 2.5～33.5 毫克/千克，平均值为 20.87 毫克/千克，属二级水平。

有效磷具体含量与分布见表 3-3。

（1）不同行政区域：夺火乡平均值最高，平均值为 26.92 毫克/千克；其次是附城镇平均值为 24.62 毫克/千克，六泉乡平均值为 24.28 毫克/千克，西河底镇平均值为 22.22 毫克/千克，秦家庄乡平均值为 21.98 毫克/千克，马圪当乡平均值为 21.92 毫克/千克，古郊乡平均值为 21.74 毫克/千克，平城镇平均值为 21.16 毫克/千克，崇文镇平均值为 20.27 毫克/千克，杨村镇平均值为 18.96 毫克/千克，礼义镇平均值为 16.32 毫克/千克；最低是潞城镇，平均值为 14.37 毫克/千克。

（2）不同地形部位：河流宽谷阶地平均值最高为 29.11 毫克/千克；其次是低山丘陵坡地平均值为 21.32 毫克/千克，中低山上、中部坡腰平均值为 21.09 毫克/千克，山地、丘陵（中、下）部的缓坡地段（地面有一定的坡度）平均值为 20.88 毫克/千克，沟谷地平均值为 19.77 毫克/千克；最低是丘陵低山中、下部及坡麓平垣地平均值为 14.43 毫克/千克。

（3）不同母质：红土母质平均值最高为 22.97 毫克/千克；其次是黄土母质平均值为 21.32 毫克/千克，洪积物平均值为 21.28 毫克/千克，离石黄土平均值为 21.24 毫克/千克，黏质黄土母质平均值为 21.18 毫克/千克，马兰黄土平均值为 20.92 毫克/千克，残积物平均值为 20.48 毫克/千克，人工堆垫物平均值为 20.23 毫克/千克，冲积物平均值为 19.66 毫克/千克；最低黄土状母质，平均值为 15.48 毫克/千克。

（4）不同土壤类型：潮土平均值最高，为 29.11 毫克/千克；其次是红黏土平均值为 22.97 毫克/千克，褐土平均值为 20.75 毫克/千克；最低粗骨土，平均值为 10.42 毫克/千克。

（四）速效钾

全县耕地土壤速效钾含量变化为 97.5～298.33 毫克/千克，平均值为 181.39 毫克/千克，属三级水平。

速效钾具体含量与分布见表 3-3。

（1）不同行政区域：古郊乡平均值最高，平均值为 225.29 毫克/千克；其次是夺火乡，平均值为 207.41 毫克/千克，六泉乡平均值为 202.45 毫克/千克，附城镇平均值为 182.91 毫克/千克，马圪当乡平均值为 182.9 毫克/千克，礼义镇平均值为 182.47 毫克/千克，潞城镇平均值为 182.38 毫克/千克，崇文镇平均值为 172.49 毫克/千克，杨村镇平均值为 164.59 毫克/千克，西河底镇平均值为 164.31 毫克/千克，平城镇平均值为 162.57 毫克/千克；最低是秦家庄乡，平均值为 162.22 毫克/千克。

（2）不同地形部位：中低山上、中部坡腰平均值最高为 190.52 毫克/千克；其次是河流宽谷阶地，平均值为 183.61 毫克/千克，低山丘陵坡地平均值为 176.05 毫克/千克，山地、丘陵（中、下）部的缓坡地段（地面有一定的坡度）平均值为 175.81 毫克/千克，沟谷地平均值为 174.9 毫克/千克；最低是丘陵低山中、下部及坡麓平垣地，平均值为 173.8 毫克/千克。

（3）不同母质：黄土母质平均值最高，为 220.97 毫克/千克；其次是残积物，平均值 183.56 毫克/千克，红土母质平均值 183.29 毫克/千克，离石黄土平均值 181.33 毫克/千克，黏质黄土母质平均值 180.46 毫克/千克，人工堆垫物平均值 177.98 毫克/千克，黄土状母质平均值 177.25 毫克/千克，马兰黄土平均值 174.9 毫克/千克，冲积物平均值 174.08 毫克/千克；最低是洪积物，平均值 170.68 毫克/千克。

（4）不同土壤类型：潮土平均值最高为 183.61 毫克/千克；其次是红黏土平均值为 183.29 毫克/千克，褐土平均值为 181.25 毫克/千克；最低是粗骨土，平均值为 179.31 毫克/千克。

（五）缓效钾

全县耕地土壤缓效钾含量变化为 425～1 150 毫克/千克，平均值为 793.19 毫克/千克，属三级水平。

缓效钾具体含量与分布见表 3-3。

（1）不同行政区域：马圪当乡平均值最高，平均值为 879.76 毫克/千克；其次是礼义镇，平均值为 856.09 毫克/千克，古郊乡平均值为 852.81 毫克/千克，夺火乡平均值为 834.7 毫克/千克，潞城镇平均值为 829.24 毫克/千克，西河底镇平均值为 805.5 毫克/千克，六泉乡平均值为 795.6 毫克/千克，平城镇平均值为 777.2 毫克/千克，附城镇平均值为 769.45 毫克/千克，崇文镇平均值为 758.76 毫克/千克，杨村镇平均值为 734.86 毫克/千克；最低是秦家庄乡，平均值为 664.13 毫克/千克。

（2）不同地形部位：丘陵低山中、下部及坡麓平垣地平均值最高为 814.55 毫克/千克；其次是中低山上、中部坡腰，平均值为 805.86 毫克/千克，沟谷地平均值为 788.53 毫克/千克，山地、丘陵中、下部的缓坡地段（地面有一定的坡度）平均值为 785.77 毫克/千克，低山丘陵坡地平均值为 775.11 毫克/千克；最低是河流宽谷阶地，平均值为 748.61 毫克/千克。

表 3-3　陵川大田土壤大量元素分类统计结果

类别		有机质（克/千克）		全氮（克/千克）		有效磷（毫克/千克）		速效钾（毫克/千克）		缓效钾（毫克/千克）	
		平均	区域值	平均	区域值	平均	区域值	平均	区域值	平均	区域值
行政区域	崇文镇	24.25	15.75～29.75	1.38	0.95～1.9	20.27	5.75～33.5	172.49	120～270	758.76	587.5～975
	夺火乡	26.19	19～29.75	1.47	1.15～1.8	26.92	18～33	207.41	145～260	834.70	600～1 025
	附城镇	22.75	16～29	1.26	0.95～1.85	24.62	8.25～33.5	182.91	117.5～260	769.45	525～1 050
	古郊乡	24.10	19.25～29.5	1.54	1.21～2.15	21.74	16～28	225.29	172.5～290	852.81	737.5～1 000
	礼义镇	22.80	17.75～29	1.33	0.98～1.75	16.32	6～30	182.47	130～250	856.09	600～1 100
	六泉乡	27.01	19.25～30	1.52	1.16～2	24.28	9.75～33.5	202.45	107.5～298.33	795.6	537.5～1 025
	潞城镇	24.28	17.25～29.75	1.43	1.05～2	14.37	2.5～30.75	182.38	127.5～280	829.24	625～1 050
	马圪当乡	21.74	14.25～29.5	1.45	1.25～1.9	21.92	12～33.5	182.9	125～260	879.76	625～1 150
	平城镇	27.65	22～30	1.51	1.21～1.95	21.16	9.25～33.25	162.57	105～250	777.20	450～1 025
	秦家庄乡	24.95	19～29.5	1.34	1.11～1.75	21.98	10.5～30	162.22	97.5～230	664.13	425～937.5
	西河底镇	19.43	14.75～28	1.13	0.95～1.45	22.22	12.5～32.5	164.31	102.5～230	805.5	575～1 075
	杨村镇	23.43	18.5～28.5	1.26	1.01～1.55	18.96	11.5～27.5	164.59	135～210	734.86	575～937.5
地形部位	低山丘陵坡地	23.49	15.5～29.75	1.32	0.95～1.85	21.32	3～33.5	176.05	117.5～270	775.11	537.5～1 025
	沟谷地	23.12	15～29.75	1.31	0.98～1.8	19.77	5.75～33	174.9	120～250	788.53	575～1 100
	河流宽谷阶地	19.14	16.75～21.25	1.20	1～1.55	29.11	16.75～21.25	183.61	147.5～220	748.61	650～825
	丘陵低山中、下部及坡麓平垣地	23.99	18.25～29.25	1.35	1.11～1.75	17.51	6.25～28	173.8	130～225	814.55	625～1 075
	山地、丘陵（中、下）部的缓坡地段（地面有一定的坡度）	24.03	14.25～30	1.37	0.95～2.1	20.88	2.5～33.5	175.81	97.5～270	785.77	425～1 125
	中低山上、中部坡腰	24.39	14.75～30	1.43	0.98～2.15	21.09	2.5～33.5	190.52	102.5～298.33	805.86	450～1 150

（续）

类别		有机质（克/千克）		全氮（克/千克）		有效磷（毫克/千克）		速效钾（毫克/千克）		缓效钾（毫克/千克）	
		平均	区域值	平均	区域值	平均	区域值	平均	区域值	平均	区域值
土壤类型	潮土	19.14	166.75～21.25	1.20	1～1.55	29.11	25.5～32.25	183.61	147.5～220	748.61	650～825
	粗骨土	25.59	14.75～29.75	1.34	1.01～1.55	10.42	3.5～27.5	179.31	150～210	793.40	637.5～975
	褐土	24.14	14.25～30	1.39	0.95～2.15	20.75	2.5～33.5	181.25	97.5～298.33	792.91	425～1 150
	红黏土	22.87	15.5～29.75	1.31	0.95～1.8	22.97	7～32.5	183.29	127.5～270	797.57	575～1 025
土壤母质	残积物	24.31	14.75～30	1.41	0.98～2.1	20.48	2.5～33.5	183.56	102.5～298.33	795.37	450～1 150
	人工堆垫物	24.16	18.5～29	1.35	1.1～1.75	20.23	5.75～33	177.98	132.5～250	762.74	575～1 000
	洪积物	24.82	16.75～29.25	1.35	1～1.65	21.28	13～32.25	170.68	142.5～220	757.56	625～887.5
	黄土状母质	22.86	18.25～29	1.34	1.11～1.75	15.48	6.25～28	177.25	130～225	855.18	700～1 075
	黄土母质	26.02	19.25～30	1.53	1.28～1.85	21.32	7.5～30.75	220.97	112.5～290	827.5	537.5～1 000
	离石黄土	24.03	14.25～30	1.38	0.95～2.15	21.24	4.25～33.5	181.33	97.5～290	797.86	425～1 075
	马兰黄土	24.25	15～29.75	1.38	0.95～2.1	20.92	5.5～33.5	174.9	105～270	772.13	450～1 125
	黏质黄土母质	23.52	17～29.75	1.37	1.04～1.75	21.18	2.5～31.5	180.46	117.5～250	816.74	537.5～1 075
	红土母质	22.87	15.5～29.75	1.31	0.95～1.8	22.97	7～32.5	183.29	127.5～270	797.57	575～1 025
	冲积物	22.84	15～29.75	1.3	0.98～1.8	19.66	5.75～30.25	174.08	120～245	795.36	575～1 100

（3）不同母质：黄土状母质，平均值最高为855.18毫克/千克；其次是黄土母质，平均值为827.5毫克/千克，黏质黄土母质平均值为816.74毫克/千克，离石黄土平均值为797.86毫克/千克，红土母质平均值为797.57毫克/千克，残积物平均值为795.37毫克/千克，冲积物平均值为795.36毫克/千克，马兰黄土平均值为772.13毫克/千克，人工堆垫物平均值为762.74毫克/千克；最低是洪积物，平均值为757.56毫克/千克。

（4）不同土壤类型：红黏土平均值最高为797.57毫克/千克；其次是粗骨土，平均值为793.4毫克/千克，褐土土为792.91毫克/千克；最低是潮土，平均值为748.61毫克/千克。

二、分级论述

（一）有机质

Ⅰ级 有机质含量大于等于25.0克/千克，面积为186 661.13亩，占总耕地面积的40.94%，主要分布于中东部冷凉乡（镇），包括崇文镇、平城镇、潞城镇、夺火乡、古郊乡、六泉乡、马圪当乡、秦家庄乡等。主要种植玉米、马铃薯、蔬菜、果树等作物。

Ⅱ级 有机质含量为20.01～25.0克/千克，面积为216 332.99亩，占总耕地面积的47.44%。主要分布在崇文镇、附城镇、礼义镇、西河底镇、潞城镇、平城镇、马圪当乡等乡（镇），主要种植小麦、玉米等作物。

Ⅲ级 有机质含量为15.01～20.0克/千克，面积为52 802.39亩，占总耕地面积的11.58%。主要分布在西河底镇、附城镇、潞城镇、崇文镇、礼义镇、六泉乡、马圪当乡、秦家庄乡、杨村镇等乡（镇）。主要种植玉米、马铃薯、谷子等作物。

Ⅳ级 有机质含量为10.01～15.0克/千克，面积为177.24亩，占总耕地面积的0.04%。主要分布在马圪当乡、西河底镇，主要作物有小麦、玉米等。

Ⅴ级 有机质含量为5.01～10.00克/千克，全县无分布。

Ⅵ级 有机质含量小于等于5.00克/千克，全县无分布。

（二）全氮

Ⅰ级 全氮含量大于等于1.50克/千克，面积为120 942.4亩，占总耕地面积的26.52%。主要分布崇文镇、平城镇、潞城镇、夺火乡、古郊乡、六泉乡、马圪当乡、秦家庄乡等。主要种植玉米、马铃薯、蔬菜、果树等作物。

Ⅱ级 全氮含量为1.201～1.50克/千克，面积为258 446.5亩，占总耕地面积的56.68%。全县12个乡（镇）均有分布。主要作物有小麦、玉米、果树等。

Ⅲ级 全氮含量为1.001～1.20克/千克，面积为75 660.3亩，占总耕地面积的16.59%。主要分布在崇文镇、夺火乡、附城镇、礼义镇、六泉乡、潞城镇、秦家庄乡、西河底镇、杨村镇，主要作物有小麦、玉米、果树等。

Ⅳ级 全氮含量为0.751～1.00克/千克，面积为924.58亩，占总耕地面积的0.20%。主要分布在崇文镇、附城镇、礼义镇、西河底镇，主要作物有小麦、玉米、蔬菜等。

Ⅴ级 全氮含量为0.501～0.750克/千克，全县无分布。

Ⅵ级 全氮含量小于等于0.5克/千克，全县无分布。

（三）有效磷

Ⅰ级 有效磷含量大于等于25.00毫克/千克，面积为123 195.57亩，占总耕地面积的27.02%。主要分布在附城镇、六泉乡、夺火乡、崇文镇、西河底镇，5个乡（镇）的一级有效磷分布面积达到95 156.74亩，占到一级有效磷面积的77.2%，其余的分布在平城镇、马圪当乡、秦家庄乡、礼义镇、杨村镇、潞城镇、古郊乡的部分耕地上。种植作物有玉米、小麦、马铃薯、蔬菜等。

Ⅱ级 有效磷含量20.1～25.00毫克/千克。面积157 234.37亩，占总耕地面积的34.48%。主要分布在附城镇、古郊乡、秦家庄乡、西河底镇、崇文镇、平城镇、六泉乡，7个乡（镇）的二级有效磷分布面积达到108 841.77亩，占到二级有效磷分布面积的69.22%；其余的分布在礼义镇、潞城镇、夺火乡、马圪当乡、杨村镇的部分耕地上。种植作物有玉米、小麦、马铃薯、蔬菜等。

Ⅲ级 有效磷含量在15.1～20.0毫克/千克，面积为107 438.37亩，占总耕地面积的23.56%。主要分布在崇文镇、西河底镇、潞城镇、平城镇、杨村镇、马圪当乡，6个乡（镇）的三级有效磷分布面积达到82 354.48亩，占到三级有效磷分布面积的76.7%；其余分布在附城镇、秦家庄乡、古郊乡、六泉乡、礼义镇、夺火乡的部分耕地上。主要作物有玉米、马铃薯、谷子、中药材等。

Ⅳ级 有效磷含量在10.1～15.0毫克/千克，面积为46 367.48亩，占总耕地面积的10.17%。主要分布在礼义镇、潞城镇的大部分村，崇文镇、平城镇的部分村，附城镇、六泉乡、马圪当乡、秦家庄乡、西河底镇、杨村镇的部分村。作物有小麦、玉米、马铃薯。

Ⅴ级 有效磷含量在5.1～10.0毫克/千克，面积为20 658.95亩，占总耕地面积的4.53%。其主要分布在潞城镇、礼义镇、崇文镇等乡（镇），主要作物为玉米。

Ⅵ级 有效磷含量小于5.0毫克/千克，面积1 079亩，占总耕地面积的0.24%。其主要分布在潞城镇的杨家岭、后西沟等村，主要作物为玉米。

（四）速效钾

Ⅰ级 速效钾含量大于等于250毫克/千克，全县面积9 871.5亩，占总耕地面积的2.16%。主要分布在六泉乡、古郊乡，2个乡的一级速效钾分布面积为5 816.17亩，其余零星分布在潞城镇的韦水村、崇文镇王掌、夺火乡凤凰、附城镇北马、马圪当乡的西仓等村。种植作物主要为玉米。

Ⅱ级 速效钾含量在201～250毫克/千克，全县面积99 451.4亩，占总耕地面积的21.81%。该级全县各乡（镇）均有分布。种植作物有玉米、谷子、马铃薯、中药材。

Ⅲ级 速效钾含量在151～200毫克/千克，面积285 141.2亩，占总耕地面积的62.53%。该级全县各乡（镇）均有分布。作物有玉米、谷子、小麦、蔬菜、中药材。

Ⅳ级 速效钾含量在101～150毫克/千克，全县面积61 425.7亩，占总耕地面积的

13.47%。除礼义、古郊2个乡（镇）无分布外，按面积大小依次分布在平城镇、附城镇、秦家庄乡、西河底镇、六泉乡、崇文镇、马圪当乡、杨村镇、潞城镇、夺火乡的寺南岭村。种植作物有玉米、谷子、马铃薯等。

Ⅴ级　速效钾含量在51～100毫克/千克，全县面积83.9亩，占总耕地面积的0.02%。主要分布在秦家庄乡的金家岭村，主要作物为玉米。

Ⅵ级　速效钾含量小于等于50毫克/千克，全县无分布

（五）缓效钾

Ⅰ级　缓效钾含量大于1 200毫克/千克，全县无分布。

Ⅱ级　缓效钾含量在901～1200毫克/千克，全县面积61 783.4亩，占总耕地面积的13.55%。主要分布在秦家庄乡、附城镇、古郊乡、礼义镇、六泉乡、潞城镇、马圪当乡、平城镇、西河底镇、杨村镇，崇文镇、夺火乡，作物有玉米、小麦、中药材、果树。

Ⅲ级　缓效钾含量在601～900毫克/千克，全县面积387 875.9亩，占总耕地面积的85.07%。广泛分布在全县12个乡（镇）。作物有小麦、玉米、谷子、蔬菜、马铃薯、中药材、果树等。

Ⅳ级　缓效钾含量在351～600毫克/千克，全县面积6 314.4亩，占总耕地面积的1.38%。主要分布在秦家庄乡、附城镇、平城镇、西河底镇、杨村镇，作物有小麦、玉米、谷子、马铃薯等。

Ⅴ级　缓效钾含量为151～350毫克/千克，全县无分布。

Ⅵ级　缓效钾含量小于等于150毫克/千克，全县无分布。

全县耕地土壤大量元素分级面积见表3-4。

表3-4　陵川耕地土壤大量元素分级面积

类　别	Ⅰ		Ⅱ		Ⅲ		Ⅳ		Ⅴ		Ⅵ	
	百分比（%）	面积（亩）	百分比（%）	面积（亩）	百分比（%）	面积（亩）	百分比（%）	面积（亩）	百分比（%）	面积（亩）	百分比（%）	面积（亩）
有机质	40.94	186 661.13	47.44	216 332.99	11.58	52 802.39	0.04	177.24	0	0	0	0
全氮	26.52	120 942.39	56.68	258 446.49	16.59	75 660.29	0.20	924.57	0	0	0	0
有效磷	27.02	123 195.57	34.48	157 234.37	23.56	107 438.37	10.17	46 367.48	4.53	20 658.95	0.24	1 079.00
速效钾	2.16	9 871.482	21.81	99 451.41	62.53	285 141.17	13.47	61 425.73	0.02	83.96	0	0
缓效钾	0	0	13.55	61 783.41	85.07	387 875.96	1.38	6 314.38	0	0	0	0

第三节　中量元素

中量元素背景值的表达方式以各统计单元养分汇总结果的算术平均值和标准差来表示。以单体S表示，表示单位为毫克/千克。

由于有效硫目前全国范围内仅有酸性土壤临界值，而陵川县土壤属石灰性土壤，没有临界值标准。因而只能根据养分含量的具体情况进行级别划分，分6个级别。

一、含量与分布

有效硫

全县耕地土壤有效硫含量变化为10.25～170毫克/千克，平均值为37.07毫克/千克，属四级水平。有效硫具体含量与分布见表3-5。

（1）不同行政区域：崇文镇平均值最高，平均值为54.53毫克/千克；其次是六泉，乡平均值为49.57毫克/千克，平城镇平均值为48.92毫克/千克，秦家庄乡平均值为39.03毫克/千克，杨村镇平均值为33.65毫克/千克，礼义镇平均值为32.4毫克/千克，潞城镇平均值为32.32毫克/千克，古郊乡平均值为31.6毫克/千克，马圪当乡平均值为27.08毫克/千克，附城镇平均值为26.98毫克/千克，夺火乡平均值为23.44毫克/千克；最低是西河底镇，平均值为22.28毫克/千克。

（2）不同地形部位：丘陵低山中、下部及坡麓平垣地平均值最高为44.83毫克/千克；其次是山地、丘陵（中、下）部的缓坡地段（地面有一定的坡度）平均值38.26毫克/千克，中低山上、中部坡腰平均值为37毫克/千克，低山丘陵坡地平均值为33.92毫克/千克，沟谷地平均值为31.81毫克/千克；最低是河流宽谷阶地，平均值为23.67毫克/千克。

（3）不同母质：黄土母质平均值最高为49.25毫克/千克；其次是冲积物，平均值为44.11毫克/千克，黄土状母质平均值为43.49毫克/千克，黏质黄土母质平均值为40.94毫克/千克，马兰黄土平均值为38.96毫克/千克，残积物平均值为38.17毫克/千克，离石黄土平均值为35.11毫克/千克，人工堆垫物平均值为34.57毫克/千克，冲积物平均值为31.08毫克/千克；最低是红土母质，平均值为29.18毫克/千克。

（4）不同土壤类型：褐土平均值最高为37.72毫克/千克；其次是粗骨土，平均值30.79毫克/千克，红黏土平均值为29.18毫克/千克；最低是潮土，平均值为23.67毫克/千克。

表3-5　陵川耕地土壤中量元素分类统计结果

（单位：毫克/千克）

类　别		有效硫	
		平均值	区域值
行政区域	崇文镇	54.53	15～170
	夺火乡	23.44	14.5～44
	附城镇	26.98	14～90
	古郊乡	31.60	17～70
	礼义镇	32.40	13～55
	六泉乡	49.57	18～110
	潞城镇	32.32	12.75～70
	马圪当乡	27.08	15.75～49
	平城镇	48.92	22～140
	秦家庄乡	39.03	14.25～80
	西河底镇	22.28	10.25～37
	杨村镇	33.65	25～60

（续）

类别		有效硫	
		平均值	区域值
地形部位	低山丘陵坡地	33.92	13.5～150
	沟谷地	31.81	15～80
	河流宽谷阶地	23.67	23～25
	丘陵低山中、下部及坡麓平垣地	44.83	20～120
	山地、丘陵（中、下）部的缓坡地段（地面有一定的坡度）	38.26	10.25～155
	中低山上、中部坡腰	37.00	12.75～170
土壤类型	潮土	23.67	23～25
	粗骨土	30.79	23～40
	褐土	37.72	10.25～170
	红黏土	29.18	13.5～150
土壤母质	残积物	38.17	12.75～170
	人工堆垫物	34.57	16～80
	洪积物	44.11	20～120
	黄土状母质	43.49	21～120
	黄土母质	49.25	19～140
	离石黄土	35.11	10.25～150
	马兰黄土	38.96	14～150
	黏质黄土母质	40.94	14～155
	红土母质	29.18	13.5～150
	冲积物	31.08	15～80

二、分级论述

有效硫

Ⅰ级　有效硫含量大于200.0毫克/千克，全县无分布。

Ⅱ级　有效硫含量为100.1～200.0毫克/千克，全县面积为12 375.38亩，占总耕地面积的2.71%。主要分布在崇文镇、六泉乡、平城镇。作物为玉米、马铃薯等。

Ⅲ级　有效硫含量为50.1～100.0毫克/千克，全县面积为56 855.49亩，占总耕地面积的12.47%。除夺火、马圪当、西河底外，全县各乡（镇）均有分布，种植作物为玉米、蔬菜等。

Ⅳ级　有效硫含量在25.1～50.0毫克/千克，全县面积为272 897.98亩，占总耕地面积的59.85%。全县各乡（镇）均有分布。作物为玉米、蔬菜、马铃薯、中药材。

Ⅴ级　有效硫含量12.1～25.0毫克/千克，全县面积为113 761亩，占耕地面积的

24.95%。除礼义外，各地均有分布。主要作物为玉米。

Ⅵ级　有效硫含量12.0毫克/千克以下，全县面积为83.92亩，占耕地面积的0.02%。分布在西河底镇。作物为玉米、谷子等。

中量元素有效硫分级面积见表3-6。

表3-6　陵川耕地土壤有效硫分分级面积统计结果

类别	Ⅰ		Ⅱ		Ⅲ		Ⅳ		Ⅴ		Ⅵ	
	百分比（%）	面积（亩）	百分比（%）	面积（亩）	百分比（%）	面积（亩）	百分比（%）	面积（亩）	百分比（%）	面积（亩）	百分比（%）	面积（亩）
有效硫	0	0	2.71	12 375.38	12.47	56 855.49	59.85	272 897.98	24.95	113 761.00	0.02	83.92

第四节　微量元素

土壤微量元素背景值的表达方式以各统计单元养分汇总结果的算术平均值和标准差来表示，分别以单体Cu、Zn、Mn、Fe、B、Mo表示。表示单位为毫克/千克。

土壤微量元素参照全省第二次土壤普查的标准，结合本县土壤养分含量状况重新进行划分，各分6个级别。

一、含量与分布

（一）有效铜

全县耕地土壤有效铜含量变化为0.73～3毫克/千克，平均值为1.45毫克/千克，属三级水平。有效铜的具体含量与分布见表3-7。

（1）不同行政区域：夺火乡平均值最高，平均值为1.75毫克/千克；依次是六泉乡，平均值为1.72毫克/千克，附城镇平均值为1.63毫克/千克，马圪当乡平均值为1.55毫克/千克，西河底镇平均值为1.51毫克/千克，平城镇平均值为1.43毫克/千克，秦家庄乡平均值为1.42毫克/千克，崇文镇平均值为1.38毫克/千克，潞城镇平均值为1.31毫克/千克，礼义镇平均值为1.26毫克/千克，古郊乡平均值为1.22毫克/千克；最低是杨村镇，平均值为1.16毫克/千克。

（2）不同地形部位：中低山上、中部坡腰的平均值最高为1.47毫克/千克；依次是低山丘陵坡地，平均值为1.45毫克/千克，山地、丘陵（中、下）部的缓坡地段（地面有一定的坡度）平均值为1.45毫克/千克，河流宽谷阶地平均值1.41毫克/千克，沟谷地平均值为1.4毫克/千克；最低是丘陵低山中、下部及坡麓平垣地，平均值为1.23毫克/千克。

（3）不同母质：红土母质平均值最高为1.54毫克/千克；依次是人工堆垫物，平均值为1.49毫克/千克，离石黄土平均值为1.46毫克/千克，残积物平均值为1.45毫克/千克，黏质黄土母质平均值为1.44毫克/千克，马兰黄土平均值为1.43毫克/千克，冲积物平均值为1.38毫克/千克，洪积物平均值为1.3毫克/千克，黄土母质平均值为1.19毫克/千克；最低是黄土状母质，平均值为1.19毫克/千克。

(4) 不同土壤类型：红黏土平均值最高为1.54毫克/千克；依次是褐土，平均值为1.44毫克/千克，潮土平均值为1.41毫克/千克；最低是粗骨土，平均值为1.39毫克/千克。

(二) 有效锌

全县耕地土壤有效锌含量变化为0.38～5.2毫克/千克，平均值为1.29毫克/千克，属三级水平。有效锌的具体含量与分布见表3-7。

(1) 不同行政区域：夺火乡平均值最高，平均值为2.02毫克/千克；依次是六泉乡，平均值为1.89毫克/千克，古郊乡平均值为1.54毫克/千克，平城镇平均值为1.47毫克/千克，马圪当乡平均值为1.45毫克/千克，附城镇平均值为1.22毫克/千克，西河底镇平均值为1.19毫克/千克，潞城镇平均值为1.13毫克/千克，崇文镇平均值为1.08毫克/千克，杨村镇平均值为1.02毫克/千克，秦家庄乡平均值为1.01毫克/千克；最低是礼义镇，平均值为0.99毫克/千克。

(2) 不同地形部位：河流宽谷阶地平均值最高为1.47毫克/千克；依次是中低山上、中部坡腰，平均值为1.41毫克/千克，山地、丘陵（中、下）部的缓坡地段（地面有一定的坡度）平均值为1.25毫克/千克，低山丘陵坡地平均值为1.2毫克/千克，丘陵低山中、下部及坡麓平垣地平均值为1.15毫克/千克；最低是沟谷地，平均值1.13毫克/千克。

(3) 不同母质：洪积物平均值最高为1.34毫克/千克；依次是黏质黄土母质，平均值为1.34毫克/千克，残积物平均值为1.32毫克/千克，人工堆垫物平均值为1.31毫克/千克，红土母质平均值为1.31毫克/千克，离石黄土平均值为1.29毫克/千克，马兰黄土平均值为1.23毫克/千克，冲积物平均值为1.08毫克/千克，黄土母质平均值为1.02毫克/千克；最低是黄土状母质，平均值为1.02毫克/千克。

(4) 不同土壤类型：潮土平均值最高为1.47毫克/千克；依次是红黏土，平均值为1.31毫克/千克，褐土平均值为1.29毫克/千克；最低是粗骨土，平均值为1.17毫克/千克。

(三) 有效锰

全县耕地土壤有效锰含量变化为3.5～26.5毫克/千克，平均值为10.71毫克/千克，属四级水平。有效锰的具体含量与分布见表3-7。

(1) 不同行政区域：夺火乡平均值最高，平均值为20.24毫克/千克；依次是六泉乡，平均值为12.59毫克/千克，附城镇平均值为12.02毫克/千克，西河底镇平均值为11.82毫克/千克，平城镇平均值为11.8毫克/千克，马圪当乡平均值为11.41毫克/千克，秦家庄乡平均值为10毫克/千克，潞城镇平均值为9.83毫克/千克，杨村镇平均值为9.76毫克/千克，礼义镇平均值为9.24毫克/千克，崇文镇平均值为8.06毫克/千克；最低是古郊乡，平均值为6.71毫克/千克。

(2) 不同地形部位：河流宽谷阶地平均值最高为12.25毫克/千克；依次是低山丘陵坡地平均值为11.35毫克/千克，中低山上、中部坡腰平均值为11.02毫克/千克，沟谷地平均值为10.54毫克/千克，山地、丘陵（中、下）部的缓坡地段（地面有一定的坡度）平均值为 10.38 毫克/千克；最低是丘陵低山中、下部及坡麓平垣地，平均值为 9.4 毫克/千克。

（3）不同母质：红土母质平均值最高为 12.9 毫克/千克；依次是人工堆垫物，平均值为 11.44 毫克/千克，离石黄土平均值为 11.19 毫克/千克，残积物平均值为 10.62 毫克/千克，洪积物平均值为 10.5 毫克/千克，冲积物平均值为 10.31 毫克/千克，黏质黄土母质平均值为 9.8 毫克/千克，马兰黄土平均值为 9.74 毫克/千克，黄土母质平均值为 8.75 毫克/千克；最低是黄土状母质，平均值为 8.75 毫克/千克。

（4）不同土壤类型：粗骨土平均值最高为 13.49 毫克/千克；依次是红黏土，平均值为 12.9 毫克/千克，潮土平均值为 12.25 毫克/千克；最低是褐土，平均值为 10.53 毫克/千克。

（四）有效铁

全县耕地土壤有效铁含量变化为 1～37 毫克/千克，平均值为 9.35 毫克/千克，属四级水平。有效铁的具体含量与分布见表 3－7。

（1）不同行政区域：夺火乡平均值最高，平均值为 20.69 毫克/千克；依次是六泉乡平均值为 13.78 毫克/千克，马圪当乡平均值为 13.58 毫克/千克，古郊乡平均值为 10.89 毫克/千克，附城镇平均值为 10.41 毫克/千克，秦家庄乡平均值为 9.01 毫克/千克，西河底镇平均值为 8.66 毫克/千克，平城镇平均值为 8.04 毫克/千克，崇文镇平均值为 7.62 毫克/千克，潞城镇平均值为 6.02 毫克/千克，杨村镇平均值为 5.42 毫克/千克；最低是礼义镇，平均值为 4.26 毫克/千克。

（2）不同地形部位：河流宽谷阶地平均值最高，平均值为 12.5 毫克/千克；依次是中低山上、中部坡腰，平均值为 10.58 毫克/千克，山地、丘陵（中、下）部的缓坡地段（地面有一定的坡度）平均值为 8.87 毫克/千克，低山丘陵坡地平均值为 8.53 毫克/千克，沟谷地平均值为 7.79 毫克/千克；最低是丘陵低山中、下不及坡麓平垣地，平均值为 4.99 毫克/千克。

（3）不同母质：红土母质平均值最高为 10.62 毫克/千克；依次是黏质黄土母质，平均值为 9.93 毫克/千克，马兰黄土平均值为 9.64 毫克/千克，离石黄土平均值为 9.6 毫克/千克，残积物平均值为 9.56 毫克/千克，人工堆垫物平均值为 9.22 毫克/千克，冲积物平均值为 7.42 毫克/千克，洪积物平均值为 6.76 毫克/千克，黄土母质平均值为 4.22 毫克/千克；最低是黄土状母质，平均值为 4.22 毫克/千克。

（4）不同土壤类型：潮土平均值最高为 12.5 毫克/千克；依次是红黏土，平均值为 10.62 毫克/千克，褐土平均值为 9.27 毫克/千克；最低是粗骨土，平均值为 3.83 毫克/千克。

（五）有效硼

全县耕地土壤有效硼含量变化为 0.18～0.93 毫克/千克，平均值为 0.40 毫克/千克，属五级水平。有效硼的具体含量与分布见表 3－7。

（1）不同行政区域：附城镇平均值最高，平均值为 0.47 毫克/千克；依次是夺火乡，平均值为 0.44 毫克/千克，平城镇平均值为 0.43 毫克/千克，秦家庄乡平均值为 0.42 毫克/千克，礼义镇平均值为 0.4 毫克/千克，六泉乡平均值为 0.4 毫克/千克，潞城镇平均值为 0.39 毫克/千克，马圪当乡平均值为 0.38 毫克/千克，古郊乡平均值为 0.37 毫克/千克，杨村镇平均值为 0.37 毫克/千克，西河底镇平均值为 0.36 毫克/千克；最低是崇文镇，平均值为 0.34 毫克/千克。

表 3-7 陵川耕地土壤微量元素分类统计结果

类别		有效铜（毫克/千克）		有效锰（毫克/千克）		有效锌（毫克/千克）		有效铁（毫克/千克）		有效硼（毫克/千克）	
		平均值	区域值	平均值	区域值	平均值	区域值	平均值	区域值	平均值	区域值
行政区域	崇文镇	1.38	0.85～2	8.06	4.7～17.5	1.08	0.38～2.75	7.62	1.6～24	0.34	0.19～0.65
	夺火乡	1.75	1.3～2.1	20.24	12.5～26.5	2.02	0.70～2.88	20.69	15～37	0.44	0.3～0.52
	附城镇	1.63	0.90～2.4	12.02	7～26.5	1.22	0.6～2.75	10.41	2.4～25	0.47	0.3～0.93
	古郊乡	1.22	1.03～1.75	6.71	5～15	1.54	1.1～2.5	10.89	7.25～15.5	0.37	0.3～0.46
	礼义镇	1.26	0.73～1.85	9.24	5.5～15.5	0.99	0.55～2.25	4.26	1～8.75	0.40	0.25～0.93
	六泉乡	1.72	1.15～3	12.59	5.75～25.5	1.89	0.82～5.2	13.78	8.75～27	0.40	0.3～0.65
	潞城镇	1.31	0.77～1.95	9.83	3.5～24.5	1.13	0.55～2.5	6.02	1.1～16	0.39	0.18～0.78
	马圪当乡	1.55	1.05～2.1	11.41	6.5～19.5	1.45	0.95～2.25	13.58	5.75～20	0.38	0.3～0.48
	平城镇	1.43	0.77～2.6	11.80	5.5～22	1.47	0.52～3.4	8.04	2.1～32	0.43	0.23～0.73
	秦家庄乡	1.42	0.90～1.65	10.00	6～18	1.01	0.55～2.25	9.01	5～13	0.42	0.32～0.6
	西河底镇	1.51	1.1～2.5	11.82	5.5～20.5	1.19	0.85～2.75	8.66	4.5～12.5	0.36	0.21～0.55
	杨村镇	1.16	0.75～1.6	9.76	6.25～17.5	1.02	0.47～2.25	5.42	1.8～9	0.37	0.24～0.52
地形部位	低山丘陵坡地	1.45	0.73～2.1	11.35	5.5～26.5	1.20	0.52～2.5	8.53	1.5～26	0.40	0.19～0.88
	沟谷地	1.40	0.8～1.95	10.54	5.75～26.5	1.13	0.47～2.75	7.79	1.2～1.95	0.39	0.21～0.68
	河流宽谷阶地	1.41	1.35～1.5	12.25	9.25～15	1.47	1.1～1.9	12.5	11～15.5	0.39	0.36～0.4
	丘陵低山中、下部及坡麓平垣地	1.23	0.82～2.6	9.40	6.25～15	1.15	0.6～3.2	4.99	1.2～10.5	0.40	0.32～0.63
	山地、丘陵（中、下）部的缓坡地段（地面有一定的坡度）	1.45	0.77～3	10.38	3.8～26	1.25	0.4～5.2	8.87	1.2～29	0.40	0.21～0.93
	中低山上、中部坡腰	1.47	0.73～2.5	11.02	3.5～26	1.41	0.38～3.4	10.58	1～37	0.40	0.18～0.93

（续）

类别		有效铜（毫克/千克）		有效锰（毫克/千克）		有效锌（毫克/千克）		有效铁（毫克/千克）		有效硼（毫克/千克）	
		平均值	区域值	平均值	区域值	平均值	区域值	平均值	区域值	平均值	区域值
土壤母质	残积物	1.45	0.73～2.5	10.62	3.5～26.5	1.32	0.38～3.4	9.56	1～37	0.40	0.18～0.93
	人工堆垫物	1.49	0.8～1.9	11.44	6～22.5	1.31	0.47～2.75	9.22	1.7～23	0.38	0.25～0.5
	洪积物	1.30	0.82～2.6	10.50	6.25～15	1.34	0.85～3.2	6.76	2.4～15.5	0.42	0.33～0.63
	黄土母质	1.19	0.90～1.7	8.75	6.25～13	1.02	0.6～1.95	4.22	1.2～8.75	0.37	0.32～0.5
	离石黄土	1.46	0.77～2.5	11.19	5～26	1.29	0.4～3.4	9.60	1.2～24	0.39	0.21～0.77
	马兰黄土	1.43	0.8～2.3	9.74	5.25～23	1.23	0.5～3.2	9.64	1.2～29	0.40	0.22～0.93
	黏质黄土母质	1.44	0.77～3	9.80	3.8～25	1.34	0.55～5.2	9.93	1.3～25	0.39	0.23～0.6
	红土母质	1.54	0.90～2.1	12.90	5.5～26	1.31	0.55～2.75	10.62	1.5～23	0.41	0.23～0.68
	冲积物	1.38	0.8～1.95	10.31	5.75～26.5	1.08	0.57～2.25	7.42	1.2～14.5	0.39	0.21～0.68
	黄土状母质	1.19	0.90～1.7	8.75	6.25～13	1.02	0.6～1.95	4.22	1.2～8.75	0.37	0.32～0.5
土壤类型	潮土	1.41	1.35～1.5	12.25	9.25～15	1.47	1.1～1.9	12.5	11～15.5	0.39	0.36～0.4
	粗骨土	1.39	1.2～1.7	13.49	9～22	1.17	0.82～2.5	3.83	1.4～8.75	0.36	0.3～0.45
	褐土	1.44	0.73～3	10.53	3.5～26.5	1.29	0.38～5.2	9.27	1～37	0.40	0.18～0.93
	红黏土	1.54	0.90～2.1	12.90	5.5～26	1.31	0.55～2.75	10.62	1.5～23	0.41	0.23～0.68

（2）不同地形部位：低山丘陵坡地平均值最高为0.4毫克/千克；依次是丘陵低山中、下部及坡麓平垣地，平均值为0.4毫克/千克，山地、丘陵（中、下）部的缓坡地段（地面有一定的坡度）平均值为0.4毫克/千克，中低山上、中部坡腰平均值为0.4毫克/千克，沟谷地平均值为0.39毫克/千克；最低是河流宽谷阶地，平均值为0.39毫克/千克。

（3）不同母质：洪积物平均值最高为0.42毫克/千克；依次是红土母质，平均值为0.41毫克/千克，残积物平均值为0.4毫克/千克，马兰黄土平均值为0.4毫克/千克，离石黄土平均值为0.39毫克/千克，黏质黄土母质平均值为0.39毫克/千克，冲积物平均值为0.39毫克/千克，人工堆垫物平均值为0.38毫克/千克，黄土母质平均值为0.37毫克/千克；最低是黄土状母质，平均值为0.37毫克/千克。

（4）不同土壤类型：红黏土平均值最高为0.41毫克/千克；依次是褐土，平均值为0.4毫克/千克，潮土平均值为0.39毫克/千克；最低是粗骨土，平均值为0.36毫克/千克。

二、分级论述

（一）有效铜

Ⅰ级　有效铜含量大于等于2.00毫克/千克，全县分布面积7 693.61亩，占总耕地总面积的1.69%。在夺火、六泉乡分布面积较大，其他零星分布在崇文镇、马圪当乡、附城镇、平城镇、西河底镇。主要作物有玉米、马铃薯、中药材等。

Ⅱ级　有效铜含量在1.51～2.00毫克/千克，全县分布面积207 059.64亩，占总耕地总面积的45.41%。全县各乡（镇）均有分布。作物有小麦、玉米、蔬菜、果树等。

Ⅲ级　有效铜含量在1.01～1.50毫克/千克，全县分布面积222 977.24亩，占总耕地总面积的48.90%。全县各乡（镇）均有分布。作物有小麦、玉米、蔬菜、果树。

Ⅳ级　有效铜含量在0.51～1.00毫克/千克，全县面积18 243.27亩，占总耕地面积的4.00%。主要分布在崇文镇、附城镇、礼义镇、潞城镇、平城镇、秦家庄乡、杨村镇，主要作物有玉米、蔬菜等。

Ⅴ级　有效铜含量在0.31～0.50毫克/千克，全县无分布。

Ⅵ级　有效铜含量小于等于0.30毫克/千克，全县无分布。

（二）有效锰

Ⅰ级　有效锰含量大于30.00毫克/千克，全县无分布。

Ⅱ级　有效锰含量在20.01～30.00毫克/千克，全县分布面积19 403.03亩，占总耕地面积的4.26%。主要分布在夺火乡、附城镇、六泉乡、潞城镇、平城镇、西河底镇，作物为玉米、蔬菜、谷子。

Ⅲ级　有效锰含量在15.01～20.00毫克/千克，全县分布面积38 187.75亩，占总耕地面积的8.37%。主要分布在夺火乡、附城镇、潞城镇、六泉乡、西河底镇、马圪当乡。其他崇文镇、礼义镇、平城镇、秦家庄乡、杨村镇呈零星分布。作物为小麦、玉米、谷子、蔬菜。

Ⅳ级　有效锰含量在5.01～15.00毫克/千克，全县分布面积397 270.04亩，占总耕地面积的 87.13%。广泛分布在全县 12 个乡（镇）。作物为小麦、玉米、谷子、蔬菜。

Ⅴ级 有效锰含量在 1.01～5.00 毫克/千克，全县面积 1112.95 亩，占总耕地面积的 0.24%。主要分布在潞城镇，主要作物为玉米。

Ⅵ级 有效锰含量小于等于 1.00 毫克/千克，全县无分布。

（三）有效锌

Ⅰ级 有效锌含量大于等于 3.00 毫克/千克，全县面积 2 088.14 亩，占总耕面积的 0.46%。主要分布在六泉乡、平城镇，作物有玉米、马铃薯等。

Ⅱ级 有效锌含量在 1.51～3.00 毫克/千克，全县面积 105 934.81 亩，占总耕面积的 23.23%。全县各乡镇均有分布。作物有小麦、玉米、谷子、马铃薯、中药材、果树。

Ⅲ级 有效锌含量在 1.01～1.50 毫克/千克，全县面积 229 398.18 亩，占总耕地面积的 50.31%。广泛分布在全县 12 个乡（镇）。作物为小麦、玉米、谷子、马铃薯、蔬菜。

Ⅳ级 有效锌含量在 0.51～1.00 毫克/千克，全县分布面积 118 182.18 亩，占总面积的 25.92%。主要分布在礼义镇、崇文镇、潞城镇、秦家庄乡、附城镇；其次是杨村镇，平城镇、西河底镇、马圪当乡；夺火乡只有寺南岭、高谷堆村有分布。作物有小麦、玉米、蔬菜、果树。

Ⅴ级 有效锌含量在 0.31～0.50 毫克/千克，全县分布面积 370.45 亩，占总耕地面积的 0.08%。分布在崇文镇西沟、尉寨村，杨村镇库头村，主要作物有玉米。

Ⅵ级 有效锌含量小于等于 0.30 毫克/千克，全县无分布。

（四）有效铁

Ⅰ级 有效铁含量大于等于 20.00 毫克/千克，全县面积 10 895.39 亩，占总耕地面积的 2.39%。主要分布夺火乡，在附城镇东河、六泉乡苏家湾、平城镇后河、马圪当乡松根浦、崇文镇炉家等村有少量分布。作物为玉米、蔬菜。

Ⅱ级 有效铁含量在 15.01～20.00 毫克/千克，全县面积 34 294 亩，占总耕地面积的 7.52%。主要分布在六泉乡、夺火乡、马圪当乡、附城镇，4 个乡（镇）的二级有效铁含量分布面积达到 32 329.2 亩，占到该级总面积的 94.2%，其他在古郊乡、平城镇，潞城镇、崇文镇的部分村呈零星分布，作物为玉米、马铃薯、蔬菜。

Ⅲ级 有效铁含量在 10.01～15.00 毫克/千克，全县面积 122 197.10 亩，占总耕地面积的 26.80%。按分布面积大小依次为附城镇、六泉乡、古郊乡、马圪当乡、平城镇、秦家庄乡、潞城镇、崇文镇、西河底镇，作物为谷子、玉米、马铃薯。

Ⅳ级 有效铁含量在 5.01～10.00 毫克/千克，全县面积 213 155.70 亩，占总耕地面积的 46.75%。除夺火乡外，其他 12 个乡（镇）均有分布。主要作物为玉米。

Ⅴ级 有效铁含量在 2.51～5.00 毫克/千克，全县面积 54 204.92 亩，占总耕地面积的 11.89%。主要分布在礼义镇、潞城镇、平城镇、杨村镇、崇文镇、附城镇。主要作物为玉米。

Ⅵ级 有效铁含量小于 2.50 毫克/千克，全县面积 21 226.64 亩，占总耕地面积的 4.66%。主要分布在礼义镇、潞城镇、崇文镇，三镇的六级有效铁含量分布面积为 19 905.9亩，占到该级面积的 93.8%，其余分布在平城镇、杨村镇。主要作物为玉米。

(五) 有效硼

Ⅰ级　有效硼含量大于2.00毫克/千克，全县无分布。

Ⅱ级　有效硼含量在1.51～2.00毫克/千克，全县无分布。

Ⅲ级　有效硼含量在1.01～1.50毫克/千克，全县无分布。

Ⅳ级　有效硼含量在0.51～1.0毫克/千克，全县分布面积41 114.41亩，占总耕地面积的9.02%，除古郊、马圪当2个乡外，依次分布在平城镇、六泉乡、礼义镇、潞城镇、附城镇、秦家庄乡、西河底镇、崇文镇、夺火乡、杨村镇，主要作物为玉米、谷子、马铃薯。

Ⅴ级　有效硼含量0.21～0.5毫克/千克，全县面积414 744.19亩，占总耕地面积的90.96%，全县12个乡镇均有分布，主要作物为玉米。

Ⅵ级　有效硼含量小于0.2毫克/千克，全县面积115.16亩，占总耕地面积的0.03%，主要分布在潞城镇的西八渠村、崇文镇龙泉村，主要作物为玉米。

微量元素土壤分级面积见表3-8。

表3-8　陵川县耕地土壤微量元素分级面积

类别	Ⅰ		Ⅱ		Ⅲ		Ⅳ		Ⅴ		Ⅵ	
	百分比(%)	面积(亩)	百分比(%)	面积(亩)	百分比(%)	面积(亩)	百分比(%)	面积(亩)	百分比(%)	面积(亩)	百分比(%)	面积(亩)
有效铜	1.69	7 693.61	45.41	207 059.64	48.90	222 977.24	4.00	18 243.26	0	0	0	0
有效锌	0.46	2 088.14	23.23	105 934.81	50.31	229 398.18	25.92	118 182.17	0.08	370.44	0	0
有效铁	2.39	10 895.39	7.52	34 294.01	26.80	122 197.09	46.75	213 155.70	11.89	54 204.92	4.66	21 226.63
有效锰	0	0	4.26	19 403.02	8.37	38 187.75	87.13	397 270.03	0.24	1 112.94	0	0
有效硼	0	0	0	0	0	0	9.02	41 114.40	90.96	414 744.19	0.03	115.16

第五节　其他理化性状

一、土壤pH

全县耕地土壤pH含量变化为6.25～9.34，平均值为8.22。

(1) 不同行政区域：六泉乡平均值最高，平均值为8.43；依次是附城镇，平均值为8.42，夺火乡平均值为8.36，西河底镇平均值为8.35，马圪当乡平均值为8.3，崇文镇平均值为8.25，秦家庄乡平均值为8.2，潞城镇平均值为8.17，古郊乡平均值为8.14，杨村镇平均值为8.14，礼义镇平均值为8.07；最低是平城镇，平均值为7.58。

(2) 不同地形部位：河流宽谷阶地平均值最高为8.44；依次是中低山上、中部坡腰，平均值为8.24，低山丘陵坡地平均值8.23，沟谷地平均值为8.23，山地、丘陵中、下部的缓坡地段（地面有一定的坡度）平均值为8.21；最低是丘陵低山中、下部及坡麓平垣地，平均值8.4。

(3) 不同母质：人工堆垫物平均值最高为8.33；依次是红土母质平均值为8.31，黄土母质平均值为8.28，黏质黄土母质平均值为8.24，残积物平均值为8.22，马兰黄土平均值为8.22，冲积物平均值为8.21，离石黄土平均值为8.2，洪积物平均值为8.04；最低是黄土状母质，平均值为7.99。

（4）不同土壤类型：潮土平均值最高为8.44；依次是红黏土平均值为8.31，褐土平均值为8.21；最低是粗骨土，平均值为8.43。

土壤pH平均值分类统计结果见表3-9。

表3-9 陵川县耕地土壤pH平均值分类统计结果

类别		pH
行政区域	崇文镇	8.25
	夺火乡	8.36
	附城镇	8.42
	古郊乡	8.14
	礼义镇	8.07
	六泉乡	8.43
	潞城镇	8.17
	马圪当乡	8.30
	平城镇	7.58
	秦家庄乡	8.20
	西河底镇	8.35
	杨村镇	8.14
地形部位	低山丘陵坡地	8.23
	沟谷地	8.23
	河流宽谷阶地	8.44
	丘陵低山中、下部及坡麓平垣地	7.99
	山地、丘陵（中、下）部的缓坡地段（地面有一定的坡度）	8.21
	中低山上、中部坡腰	8.24
土壤母质	残积物	8.22
	人工堆垫物	8.33
	洪积物	8.04
	黄土母质	8.28
	离石黄土	8.20
	马兰黄土	8.22
	黏质黄土母质	8.24
	红土母质	8.31
	冲积物	8.21
	黄土状母质	7.99

（续）

类　别		pH
土壤类型	潮土	8.44
	粗骨土	8.03
	褐土	8.21
	红黏土	8.31

二、耕层质地

土壤质地是土壤的重要物理性质之一，不同的质地对土壤肥力高低、耕性好坏、生产性能的优劣具有很大影响。

土壤质地也称土壤机械组成，指不同粒径在土壤中占有的比例组合。根据卡庆斯基质地分类，粒径大于0.01毫米为物理性沙粒，小于0.01毫米为物理性黏粒。根据其沙黏含量及其比例，主要可分为轻壤、中壤、重壤三级。

陵川县耕层土壤质地80%以上为中壤，轻壤面积很少，陵川县土壤耕层质地概况见表3-10。

表3-10　陵川县土壤耕层质地概况

质地类型	耕种土壤（亩）	占耕种土壤（%）
轻壤	266.42	0.06
中壤	380 690.96	83.49
重壤	75 016.39	16.45
合计	455 973.77	100

从表3-10可知，轻壤：占全县耕种土壤的0.06%，物理性沙粒高达60%以上，土质松散，通气透水性能好，宜耕宜种，昼夜温差变化较大，发小苗不发老苗，养分含量低，保水保肥能力较弱。因此要增施有机肥料，增加土壤有机质含量，改良土质，培育良好的土壤结构，提高保水保肥能力。

中壤：在全县耕种土壤中面积居首位，占全县耕种土壤的83.49%，中壤物理性沙粒大于55%，物理性黏粒小于45%，沙黏适中，大小孔隙比例适当，通透性好，保水保肥，养分含量丰富，有机质分解快，供肥性好，耕作方便，通耕期早，耕作质量好，发小苗也发老苗，因此，一般壤质土，水、肥、气、热比较协调，从质地上看，是农业上较为理想的土壤。

重壤：占总耕地总面积的16.45%，小于0.01毫米的黏粒含量在60%以上。质地黏重，土体紧实或坚硬，通气透水性能差，宜耕期短或者难耕作。土温低回升慢，昼夜温差小，保水保肥能力强，但供肥能力差，不发小苗，后期生长旺盛。

三、土体构型

土体构型是指整个土体各层次质地排列组合情况。它对土壤水、肥、气、热等各个肥力因素有制约和调节作用，特别对土壤水、肥储藏与流失有较大影响。因此，良好的土体构型是土壤肥力的基础。

全县土壤的土体构型可概分 4 大类，即通体型、夹层型、埋藏型、薄层型。

薄层型：土体极薄，土层厚度一般小于 30 厘米，而且质地较为一致的称薄层型。全县的这种土体构型多属山地土壤类型，集中分布在东部石质山区的陡坡，土体极薄，植被稀疏，土体中夹有砾石或岩屑，土壤流失严重，保水肥能力差，农作物扎根困难，多为自然土壤类型。

通体型：土体较厚，全剖面上下质地均匀一致，主要分布于丘陵平川地带，在陵川县表现为两种类型，一是通体壤质型，多分布在东西两大河流的高岸上，通体质地为中壤，是农业生产最为理想的一种土体构型。二是通体黏质型，发育在红土母质上，通体质地为重壤或黏土，生产性能表现为保水保肥性能强，土壤养分含量高，但由于土性冷凉，土质过黏，难以耕作，故发老苗不发小苗。

夹层型：在土体中夹有较为特殊的土层或比较悬殊的质地，集中分布在河谷阶地或河漫滩上，根据夹层物质不同，分夹沙砾型、夹料姜型，这两种类型虽然分布位置和夹着物质不同，生产性能上基本一致，无论对作物根系的伸扎或水、肥的运行，都有直接的影响，因此土壤中有夹层型都属于障碍因素。

埋藏型：在土体下部埋藏着较为肥沃的土壤或对农作物生长有利的悬殊性质地，是一种较好的土壤构型。按埋藏物质不同可分为埋藏黏质型和埋藏黑垆土型，其特点上层耕性较好，也易作苗，下层保水肥能力强，既发小苗，又发老苗，作物一生长势壮而不衰。

四、土壤结构

构成土壤骨架的矿物质颗粒，在土壤中并非彼此孤立、毫无相关地堆积在一起，而往往是受各种作物胶结成形状不同、大小不等的团聚体。各种团聚体和单粒在土壤中的排列方式称为土壤结构。

土壤结构是土体构造的一个重要形态特征。它关系着土壤水、肥、气、热状况的协调，土壤微生物的活动、土壤耕性和作物根系的伸展，是影响土壤肥力的重要因素。

全县土壤有块状、片状、屑粒状、团粒 4 种结构。

块状结构：土粒胶结成块，团聚体长宽大体近似，呈不规则状，俗称“坷垃”或“土圪垃”。这种结构空隙大，易漏水跑墒压苗，不利于小苗生长。

片状结构：团聚体水平轴沿长宽方向发展，呈片状。在表层出现时，俗称“板结”，在表层下层出现时，又称“犁底层”，影响扎根，影响通气透水，耕作难度大。

屑粒状结构：团聚体＜0.25 毫米，是一种较为理想的结构类型。在全县分布面积大，范围广。

团粒结构：粒径为 0.25～10 毫米，由腐殖质为成型动力胶结而成。团粒结构是良好的土壤结构类型，可协调土壤的水、肥、气、热状况。

全县耕作土壤的有机质含量较少，表层土壤结构分布情况是屑粒状结构>块状结构>团粒结构>片状结构。

陵川土壤的不良结构主要有以下 3 种。

1. 板结 全县耕作土壤灌水或降雨后表层板结现象较普遍，板结形成的原因是细黏粒含量较高，有机质含量少所致。板结是土壤不良结构的表现，它可加速土壤水分蒸发、土壤紧实，影响幼苗出土生长以及土壤的通气性能。改良办法应增加土壤有机质，雨后或浇灌后及时中耕破板，以利土壤疏松通气。

2. 坷垃 坷垃是在质地黏重的土壤上易产生的不良结构。坷垃多时，由于相互支撑，增大孔隙透风跑墒，促进土壤蒸发，并影响播种质量，造成露籽或压苗，或形成吊根，妨碍根系穿插。改良办法首先大量施用有机肥料和掺杂砂改良黏重土壤，其次应掌握宜耕期，及时进行耕耙，使其粉碎。

3. 犁底层 犁底层就是在耕层的下部，由于长期的耕作，水力和重力的作用出现了一层较为坚硬的犁底层，结构多为片状和鳞片状，直接妨碍通气透水和根系伸扎。

土壤结构是影响土壤孔隙状况、容重、持水能力、土壤养分等的重要因素，因此，创造和改善良好的土壤结构是农业生产上夺取高产稳产的重要措施。

五、土壤孔隙状况

土壤是多孔体，土粒、土壤团聚体之间以及团聚体内部均有孔隙。单位体积土壤孔隙所占的百分数，称土壤孔隙度，也称总孔隙度。

土壤孔隙的数量、大小、形状很不相同，它是土壤水分与空气的通道和储存所，它密切影响着土壤中水、肥、气、热等因素的变化与供应情况。因此，了解土壤孔隙大小、分布、数量和质量，在农业生产上有非常重要的意义。

土壤孔隙度的状况取决于土壤质地、结构、土壤有机质、土粒排列方式及人为因素等。黏土孔隙多而小，通透性差；沙质土孔隙少而粒间孔隙大，通透性强；壤土则孔隙大小比例适中。土壤孔隙可分 3 种类型。

1. 无效孔隙 孔隙直径小于 0.001 毫米，作物根毛难以伸入，为土壤结合水充满，孔隙中水分被土粒强烈吸附，故不能被植物吸收利用，水分不能运动也不通气，对作物来说是无效孔隙。

2. 毛管孔隙 孔隙直径为 0.001～0.01 毫米，具有毛管作用，水分可借毛管弯月面力保持储存在内，并靠毛管引力向上下左右移动，对作物是最有效水分。

3. 非毛管孔隙 孔隙直径大于 0.01 毫米的大孔隙，不具毛管作用，不保持水分，为通气孔隙，直接影响土壤通气、透水和排水的能力。

土壤孔隙为 30%～60%，对农业生产来说，土壤孔隙以稍大于 50%为好，要求无效孔隙尽量低些。非毛管孔隙应保持在 10%以上，若小于 5%则通气、渗水性能不良。

陵川县耕地土壤质地较适中，全县 70%以上的土壤是壤质土，中壤土的孔隙度约有 55%～65%，大、小孔隙比例基本相当。可以有效地供作物吸收。

六、土壤碱解氮、全磷和全钾状况

（一）碱解氮

全县土壤碱解氮含量变化范围为5～195.15毫克/千克，平均值为98.20毫克/千克。

（1）按不同行政区域：古郊乡最高，平均值为119.55毫克/千克；其次是马圪当乡，平均值112.32毫克/千克；最低的是西河底镇，平均值为84.0毫克/千克。

（2）按土壤类型：褐土最高，平均值为100.89毫克/千克；其次是潮土，平均值为95.32毫克/千克；最低的是粗骨土，平均值为77.57毫克/千克。

（二）全磷

全县土壤全磷含量变化范围为0.25～1.16克/千克，平均值为0.68克/千克。

（1）按不同行政区域：礼义镇最高，平均值为0.77克/千克，其次是附城镇，平均值0.69克/千克，最低的是夺火乡，平均值为0.61克/千克。

（2）按土壤类型：潮土最高，平均值为0.67克/千克；其次是粗骨土，平均值为0.62克/千克；最低的是红黏土，平均值为0.54克/千克。

（三）全钾

全县全钾含量变化范围为8.8～24.91克/千克，平均值为16.73克/千克。

（1）按不同行政区域，古郊乡最高，平均值为20.0克/千克；其次为西河底镇，平均值为18.03克/千克；最低的为平城镇14.76克/千克。

（2）按土壤类型：粗骨土最高，平均值为15.74克/千克；其次是潮土，平均值为14.96克/千克；最低的是红黏土，平均值为12.41克/千克。

第六节 耕地土壤属性综述与养分动态变化

一、耕地土壤属性综述

全县7 929个样点测定结果表明，耕地土壤有机质平均含量为24.05克/千克，全氮平均含量为1.38克/千克，有效磷平均含量为20.87毫克/千克，速效钾平均含量为181.39毫克/千克，有效铜平均含量为1.45毫克/千克，有效锌平均值为1.29毫克/千克，有效铁平均含量为9.35毫克/千克，有效锰平均值为10.71毫克/千克，pH平均值为8.22，有效硫平均含量为37.07毫克/千克，缓效钾平均值为793.19毫克/千克。陵川县耕地土壤属性总体统计结果见表3-11。

表3-11 陵川县耕地土壤属性总体统计结果

项目名称	点位数（个）	平均值	最大值	最小值	标准差	变异系数（%）
有机质（克/千克）	7 929	24.05	30.00	14.25	3.16	13.13
全氮（克/千克）	7 929	1.38	2.15	0.95	0.18	13.25
有效磷（毫克/千克）	7 929	20.87	33.50	2.50	5.77	27.63

（续）

项目名称	点位数（个）	平均值	最大值	最小值	标准差	变异系数（%）
速效钾（毫克/千克）	7 929	181.39	298.33	97.50	30.52	16.83
有效铜（毫克/千克）	7 929	1.45	3.00	0.73	0.26	17.89
有效锌（毫克/千克）	7 929	1.29	5.20	0.38	0.46	35.19
有效铁（毫克/千克）	7 929	9.35	37.00	1.00	4.46	47.71
有效锰（毫克/千克）	7 929	10.71	26.50	3.50	3.83	35.79
有效硼（毫克/千克）	7 929	0.40	0.93	0.18	0.07	17.79
pH	7 929	8.22	9.34	6.25	0.33	3.95
有效硫（毫克/千克）	7 929	37.07	170.00	10.25	19.77	53.33
缓效钾（毫克/千克）	7 929	793.19	1 150.00	425.00	97.55	12.30

二、有机质及大量元素的演变

随着农业生产的发展及施肥、耕作经营管理水平的变化，耕地土壤有机质及大量元素也随之变化。与1984年全国第二次土壤普查时的耕层养分测定结果相比，23年间，土壤有机质增加了1.15克/千克，全氮增加了0.31克/千克，有效磷增加了14.87毫克/千克，速效钾增加了79.39毫克/千克。陵川县耕地土壤养分动态变化见表3-12。

表3-12　陵川县耕地土壤养分动态变化

项目	有机质（克/千克）	全氮（克/千克）	全磷（克/千克）	有效磷（毫克/千克）	速效钾（毫克/千克）
1984年养分值	22.90	1.07	0.53	6.00	102.00
2007—2009年平均值	24.05	1.38	0.68	20.87	181.39
增（%）	1.15	0.31	0.15	14.87	79.39
增（%）	5.02	28.97	28.30	248.00	77.80

第四章　耕地地力评价

第一节　耕地地力分级

一、面积统计

陵川县耕地面积 45.60 万亩，其中水浇地 2.23 万亩，占总耕地面积的 4.89%；旱地 43.37 万亩，占总耕地面积地 95.11%；按照地力等级的划分指标，对照分级标准，将全县耕地地力分为 5 个等级，并归入国家等。陵川县耕地地力统计结果见表 4 - 1。

表 4 - 1　陵川县耕地地力统计表

<table>
<tr><th>国家等级</th><th>地方等级</th><th>评价指数</th><th>面积（万亩）</th><th>所占比重（%）</th></tr>
<tr><td>3</td><td rowspan="2">1</td><td rowspan="2">≥0.57</td><td rowspan="2">1.22</td><td rowspan="2">2.68</td></tr>
<tr><td>4</td></tr>
<tr><td rowspan="2">5</td><td>2</td><td>0.55～0.57</td><td>2.66</td><td>5.84</td></tr>
<tr><td>3</td><td>0.51～0.55</td><td>10.92</td><td>23.95</td></tr>
<tr><td>6</td><td rowspan="2">4</td><td rowspan="2">0.51～0.55</td><td rowspan="2">20.19</td><td rowspan="2">44.27</td></tr>
<tr><td>7</td></tr>
<tr><td>8</td><td>5</td><td>0.24～0.33</td><td>10.61</td><td>23.26</td></tr>
<tr><td colspan="2">合计</td><td></td><td>45.60</td><td>100.00</td></tr>
</table>

二、地域分布

一级地（国家等级三至四级）主要分布马圪当乡古石、武家湾、附城镇的台南、台北、东西掌的河流宽谷阶地或河漫滩，礼义、杨村、平城、崇文、潞城等乡镇的山、丘间平川地。二级地（国家等级五级）主要分布在附城、礼义、杨村、平城、秦家庄、崇文、西河底等乡（镇）的丘陵、低山（中、下）部及坡麓平垣地，或山地、丘陵中下部缓坡地段以及比较开阔的沟谷。三级地（国家等级五级）集中分布在中西部土石山区和土石丘陵平川区的崇文、平城、潞城、西河底、礼义、杨村、附城、秦家庄 8 个乡（镇），面积占到该级耕地的 93%以上。分布地形多为沟谷沿岸和山地、丘陵（中、下）部的缓坡地段。四级地（国家等级六至七级）是全县分布面积最大、分布范围最广的一个级别，均匀分布于全县 12 个乡（镇）的低山丘陵坡地、中低山（上、中）部坡腰、沟谷地和沟谷坡地，以及山地丘陵中下部缓坡。五级地（国家等级八级）主要分布在东中部的山坡梯田和坡耕地。

表 4-2　陵川县各乡（镇）耕地地力等级情况统计表

区域	乡（镇）	一级			二级			三级			四级			五级			合计面积（亩）
		面积（亩）	占乡（镇）（%）	占本级（%）	面积（亩）	占乡（镇）（%）	占本级（%）	面积（亩）	占乡（镇）（%）	占本级（%）	面积（亩）	占乡（镇）（%）	占本级（%）	面积（亩）	占乡（镇）（%）	占本级（%）	
西部	杨村	2 520.58	11.38	20.63	3 242.83	14.64	12.18	7 975.95	36.01	7.30	7 688.03	34.71	3.81	721.15	3.26	0.68	22 148.54
	礼义	1 968.83	4.85	16.11	4 786.49	11.78	17.97	12 789.40	31.48	11.71	16 608.16	40.87	8.23	4 479.35	11.02	4.22	40 632.23
	附城	1 105.69	1.84	9.05	7 583.85	12.64	28.48	14 699.26	24.51	13.46	29 382.04	48.98	14.56	7 213.55	12.03	6.80	59 984.39
	西河底		0.00	0.00	1 231.62	2.73	4.62	15 478.29	34.32	14.18	23 290.46	51.64	11.54	5 105.41	11.32	4.81	45 105.78
	秦家庄		0.00	0.00	2 509.26	8.61	9.42	7 065.14	24.24	6.47	15 721.94	53.93	7.79	3 855.76	13.23	3.63	29 152.10
中部	崇文	1 846.18	2.83	15.11	1 824.73	2.80	6.85	25 270.23	38.77	23.14	23 551.63	36.13	11.67	12 691.13	19.47	11.96	65 183.90
	平城	1 993.85	5.69	16.32	4 559.57	13.01	17.12	10 780.56	30.77	9.87	14 327.82	40.90	7.10	3 371.42	9.62	3.18	35 033.22
	潞城	1 009.80	2.00	8.26	140.95	0.28	0.53	8 334.65	16.50	7.63	19 885.09	39.36	9.85	21 150.34	41.86	19.94	50 520.83
东部	六泉		0.00	0.00	439.65	0.98	1.65	3 091.95	6.90	2.83	22 490.41	50.22	11.14	18 761.35	41.89	17.69	44 783.36
	古郊		0.00	0.00	199.74	0.93	0.75	1 107.15	5.14	1.01	12 355.06	57.40	6.12	7 863.21	36.53	7.41	21 525.16
	马圪当	1 773.06	7.58	14.51	0.00	0.00	0.00	1 465.41	6.26	1.34	6 813.42	29.11	3.38	13 354.65	57.06	12.59	23 406.54
	夺火		0.00	0.00	112.08	0.61	0.42	1 131.74	6.12	1.04	9 744.39	52.68	4.83	7 509.49	40.60	7.08	18 497.70
合计		12 217.99		100.00	26 630.77		100.00	109 189.73		100.00	201 858.45		100.00	106 076.81		100.00	455 973.75

纵观陵川县耕地地力地域分布，有3个特点：一是一级、二级、三级耕地属于陵川县的高产田，分布面积为西部多、东部少，全县3个级别的耕地面积为14.804万亩，占全县总耕地面积的32.47%，西部5个乡（镇）分布面积为8.29万亩，占该级耕地的56%，而东部4个乡（镇）仅占6.3%；二是五级耕地属于陵川县的低产田，分布面积为东部多、西部少，该级耕地面积10.60万亩，占全县耕地面积的23.6%。东部4个乡（镇）面积为4.75万亩，占该级面积的43.9%，而西部5个乡（镇）仅占该级面积的20.15%；三是四级耕地属陵川县的中产田，在全县均有分布。分布面积见表4-2。

第二节 耕地地力等级分布

一、一 级 地

（一）面积和分布

本级耕地主要分布在附城、马圪当、礼义、杨村、平城、崇文、潞城等7个乡（镇），面积为1.22万亩，占总耕地面积的2.68%。

（二）主要属性及生产性能分析

该级耕地包括潮土、褐土性土、典型褐土3个亚类，成土母质为洪积物、黄土状、离石黄土、马兰黄土等。地形坡度为4°～9°，耕层质地多为中壤土，土体构型为通体中壤、重壤，有效土层厚度60～150厘米，平均为117厘米，耕层厚度平均为21.30厘米，pH的变化范围6.25～8.75，平均值为8.08。

该级耕地地势平坦，土层深厚，有一定的灌溉率，园田化水平高。主要作物有玉米、小麦、蔬菜、薯类。玉米亩产一般在700千克以上，在马圪当的古石、武家湾和附城台北、台南的宽谷阶地，水源条件好，热资源丰富，复种指数高，单产可达到800千克以上。

本级耕地土壤有机质平均含量23.43克/千克，有效磷平均含量为21.69毫克/千克，均属省二级水平；速效钾平均含量为174.51毫克/千克，属省三级水平；全氮平均含量为1.40克/千克，属省二级水平；缓效钾平均含量为787.5毫克/千克，属省三级水平；有效硫平均含量为36.50毫克/千克，有效锰平均含量为10.57毫克/千克，有效铁平均含量为7.48毫克/千克，均属省四级水平；有效硼平均含量为0.40毫克/千克，有效铜平均含量为1.35毫克/千克，均属省五级水平；有效锌平均含量为1.35毫克/千克，属省三级水平。一级地土壤养分统计见表4-3。

表4-3 一级地土壤养分统计表

项目	平均值	最大值	最小值	标准差	变异系数
有机质	23.43	29.75	16.75	3.13	13.37
有效磷	21.69	33.00	7.75	7.23	33.33
速效钾	174.51	225.00	137.50	20.33	11.65
pH	8.08	8.75	6.25	0.40	4.92

（续）

项目	平均值	最大值	最小值	标准差	变异系数
容重	1.00	1.00	1.00	0	0
缓效钾	787.50	1 075.00	625.00	94.24	11.97
全氮	1.40	1.90	1.00	0.18	13.21
有效硫	36.50	120.00	19.00	18.191	49.84
有效锰	10.57	16.00	5.50	2.33	22.06
有效硼	0.40	0.65	0.30	0.07	16.71
有效铁	7.48	16.00	1.40	4.44	59.36
有效铜	1.35	2.60	0.88	0.24	17.47
有效锌	1.35	3.40	0.73	0.54	40.14
耕层厚度	21.30	26.00	10.00	4.72	22.15

注：表中各项含量单位为：耕层厚度为厘米，有机质、全氮为克/千克，容重为克/厘米^3，其他均为毫克/千克。

（三）主要存在问题

一是土壤肥力与高产高效的需求仍不适应。二是部分区域由于多年种菜，化肥施用数量不断提升，有机肥施用不足，引起土壤板结。三是灌溉面积小，保浇率低，不利于充分发挥土壤潜在的生产能力。

（四）合理利用

本级耕地应以种植优质高产高效作物为主；大力发展水浇地，扩大灌溉面积，加快蔬菜生产发展。突出区域特色经济作物如旱地蔬菜等产业的开发，部分小气候区域要实行一年两作或两年三作，提高复种指数。

二、二 级 地

（一）面积与分布

主要分布在附城、礼义、杨村、平城、秦家庄、崇文、西河底等乡（镇），在东部的古郊、六泉、夺火也有零星分布，但面积很小。面积2.66万亩，占总耕地面积的5.84%。

（二）主要属性及生产性能分析

本级耕地主要包括典型褐土、褐土性土2个亚类，成土母质为洪积物、马兰黄土、黄土状母质、离石黄土，质地多为中壤，有少部分重壤。有效土层厚度平均为142.42厘米，耕层厚度平均为23厘米，本级土壤pH在6.88～8.75，平均值为8.25。

该级耕地土壤地势较平坦，坡度4°～9°，土层深厚，园田化水平较高，在作物布局上多为一年一作或两年三作，主要作物有玉米、小麦、蔬菜、薯类。平均单产在500～600千克，玉米单产可在600千克以上。属于全县高产粮菜区。

本级耕地土壤有机质平均含量23.68克/千克，有效磷平均含量为22.73毫克/千克，全氮平均含量为1.31克/千克，均属省二级水平；速效钾平均含量为179.14毫克/千克，缓效钾平均含量为779.87毫克/千克，均属省三级水平；有效硫平均含量为35.33毫克/千克，有效锰平均含量为10.46毫克/千克，有效铁平均含量为7.76毫克/千克，均属省四级水平；有效硼平均含量为0.42毫克/千克，有效铜平均含量为1.41毫克/千克，属省五级水平；有效锌平均含量1.14毫克/千克，属省三级水平。二级地土壤养分统计见表4-4。

表4-4 二级地土壤养分统计表

项目	平均值	最大值	最小值	标准差	变异系数
有机质	23.68	29.75	17.25	2.71	11.45
有效磷	22.73	33.50	6.25	5.27	23.17
速效钾	179.14	260.00	127.50	24.00	13.40
pH	8.25	8.75	6.88	0.25	3.08
容重	1.00	1.00	1.00	0	0
缓效钾	779.87	1 075.00	575.00	86.74	11.12
全氮	1.31	1.75	1.01	0.14	10.66
有效硫	35.33	150.00	15.75	15.57	44.07
有效锰	10.46	25.00	5.75	2.84	27.18
有效硼	0.42	0.93	0.25	0.08	18.51
有效铁	7.76	24.00	1.20	3.62	46.70
有效铜	1.41	2.00	0.82	0.24	16.90
有效锌	1.14	2.75	0.65	0.34	29.29
耕层厚度	23.00	26.00	20.00	2.12	9.22

注：表中各项含量单位为：耕层厚度为厘米，有机质、全氮为克/千克，容重为克/厘米^3，其他均为毫克/千克。

（三）主要存在问题

一是肥料施用盲目性过大，有机肥投入量不足。二是旱情危害较大。三是作物布局重粮轻经济作物。

（四）合理利用

首先是“用养结合”，培肥地力，采用合理布局，实行轮作倒茬，扩大豆科种植面积，以达到养分协调，余缺互补。其次是推广玉米秸秆覆盖或秸秆地膜二元双覆盖技术，以达到增墒保肥夺高产。三是推广测土配方施肥技术，抓好高标准农田建设，尤其是旱田变水地的基本建设工程。四是抓好玉米蔬菜基地建设。

三、三 级 地

（一）面积与分布

本级耕地面积10.92万亩，占全县耕地面积的23.95%。主要分布中西部西河底、附城、礼义、杨村、秦家庄、崇文、平城、潞城8个乡（镇），占该极耕地面积的93%以上。

（二）主要属性及生产性能分析

本级耕地主要包括褐土性土、典型褐土、潮土3个亚类，成土母质为沟淤、黄土状母质、离石黄土、马兰黄土，耕层质地多为中壤，有效土层厚度为132.48厘米以上，耕层厚度平均为21.61厘米。pH变化范围为6.25～9.34，平均值为8.2。

该级耕地地面坡度较小，为4°～9°，侵蚀较弱，土层深厚，土质良好，土体构型为通体壤，有少部分通体黏，多为高水平梯田。种植作物以玉米、谷子、马铃薯为主，种植方式为一年一作或两年三作，一般单产在400～500千克。玉米单产一般在500千克以上，马铃薯单产在1 500千克以上。

本级耕地土壤有机质平均含量23.75克/千克，属省二级水平；有效磷平均含量为20.03毫克/千克，属省二级水平；速效钾平均含量为173.97毫克/千克，属省三级水平；全氮平均含量为1.35克/千克，属省二级水平；缓效钾平均含量为784.79毫克/千克，属省三级水平；有效硫平均含量为39.39毫克/千克，属省四级水平；有效锰平均含量为10.14毫克/千克，属省四级水平；有效硼平均含量为0.39毫克/千克，属省五级水平；有效铁平均含量为8.09毫克/千克，属省四级水平；有效铜平均含量为1.40毫克/千克，属省三级水平；有效锌平均含量为1.17毫克/千克，属省三级水平。三级地土壤养分统计见表4-5。

表4-5　三级地土壤养分统计表

项目	平均值	最大值	最小值	标准差	变异系数
有机质	23.75	30.00	15.00	2.95	12.40
有效磷	20.03	33.25	5.50	5.46	27.23
速效钾	173.97	270.00	97.50	26.35	15.15
pH	8.20	9.34	6.25	0.35	4.24
缓效钾	784.79	1 100.00	425.00	97.19	12.38
全氮	1.35	1.90	0.98	0.16	11.83
有效硫	39.39	150.00	10.25	20.65	52.42
有效锰	10.14	25.50	5.25	3.48	34.28
有效硼	0.39	0.77	0.21	0.07	19.12
有效铁	8.09	27.00	1.30	3.82	47.22
有效铜	1.40	2.50	0.82	0.26	18.33
有效锌	1.17	3.20	0.40	0.38	32.50
耕层厚度	21.61	26.00	10.00	2.09	9.66

注：表中各项含量单位为：耕层厚度为厘米，有机质、全氮为克/千克，其他均为毫克/千克。

（三）主要存在问题

本级耕地存在的主要问题是土体干旱，水资源缺乏。施肥盲目，养分总体含量属于中等偏上，但分布不平衡，存在着有效磷、有效锌、有效硼缺乏。

（四）合理利用

本区农业生产水平较高，因此，应采用先进的栽培技术，如选用优种、科学管理、测土配方施肥等；推广地膜覆盖、秸秆覆盖、沟埋还田等旱作节水农业技术；并配套开挖旱井，节水补灌；实施秋施磷肥、补施硼肥、锌肥；同时今后应在建设玉米、马铃薯、旱地无公害蔬菜的基地建设上下工夫，以充分发挥该级耕地土壤的高产优势，确保高产高效。

四、四 级 地

（一）面积与分布

该级地在全县各乡镇均有分布，面积 20.19 万亩，占总耕地面积的 44.27%。主要分布在低山丘陵坡地、山地丘陵中下部缓坡地段，以及中低山上、中部坡腰，多为坡耕地和缓坡梯田，有少部分沟坝地。

（二）主要属性及生产性能分析

本级耕地面积分布范围较广，土壤类型复杂。包括褐土性土、红黏土、钙质粗骨土。成土母质有红土母质、残积物、冲积物、人工堆垫物、离石黄土、黏质黄土、马兰黄土等，有效土层厚度平均为 93.23 厘米，耕层厚度平均为 18.9 厘米。土壤 pH 在 6.25～9.06，平均值为 8.22。

该级耕地地型坡度较大，6°～17°，侵蚀较为严重，土层较深厚，质地中壤至重壤，土体构型为通体壤、通体黏，有部分（夹砾、夹料姜）夹层型。无灌溉条件，地块面积较小，多为山丘缓坡梯田、沟谷坡地、有少部分水平较高梯田，种植方式为一年一作或两年三作，作物以玉米、谷子、小麦、薯类、果树、中药材为主，产量中等。一般亩产为 300～400 千克，谷子 200 千克左右。

本级耕地土壤有机质平均含量 24.05 克/千克，属省二级水平；有效磷平均含量为 21.21 毫克/千克，属省二级水平；速效钾平均含量为 180.98 毫克/千克，属省三级水平；全氮平均含量为 1.38 克/千克，属省三级水平；有效硼平均含量为 0.40 毫克/千克，属省五级水平；有效铁为 9.51 毫克/千克，属省四级水平；有效锌为 1.30 毫克/千克，属省三级水平；有效锰平均含量为 10.87 毫克/千克，属省四级水平；有效硫平均含量为 36.44 毫克/千克，属省四级水平；有效铜平均含量为 1.47 毫克/千克，属省三级水平；缓效钾平均含量为 790.23 毫克/千克，属省三级水平。四级地土壤养分统计见表 4-6。

表 4-6 四级地土壤养分统计表

项目	平均值	最大值	最小值	标准差	变异系数
有机质	24.05	30.00	14.25	3.24	13.46
有效磷	21.21	33.50	2.50	5.66	26.69
速效钾	180.98	290.00	102.50	30.83	17.03
pH	8.22	9.06	6.25	0.34	4.13
缓效钾	790.23	1 150.00	450.00	96.95	12.27
全氮	1.38	2.15	0.95	0.19	13.68
有效硫	36.44	155.00	13.50	19.58	53.72
有效锰	10.87	26.50	3.80	3.95	36.31
有效硼	0.40	0.93	0.19	0.07	17.92
有效铁	9.51	33.00	1.00	4.49	47.25

（续）

项目	平均值	最大值	最小值	标准差	变异系数
有效铜	1.47	3.00	0.73	0.26	17.74
有效锌	1.30	5.20	0.38	0.46	35.60
耕层厚度	18.90	26.00	10.00	3.91	20.71

注：表中各项含量单位为：耕层厚度为厘米，有机质、全氮为克/千克，其他均为毫克/千克。

（三）主要存在问题

一是坡耕地面积较大，水土流失严重，土壤干旱；二是管理粗放；三是本级耕地的中量元素硫偏低，微量元素的硼、铁、锰偏低，今后在施肥时应合理补充。

（四）合理利用

修筑水平梯田，抓好坡改梯农田基本建设工程；推广旱作农业技术，实施地膜覆盖、秸秆双覆盖工程；开展配方施肥，科学合理补施中微量元素，做好中产田的土壤养分协调工程，同时在西部丘陵区要主抓无公害谷子、果树、蚕桑生产基地建设。

五、五 级 地

（一）面积与分布

本级面积为10.61万亩，占总耕面积的23.26%。主要分布在古郊、六泉、马圪当、夺火、崇文、潞城、平城等地，西部地区也有零星分布。

（二）主要属性与生产性能分析

该级耕地土壤多为褐土性土、钙质粗骨土、红黏土、淋溶褐土亚类。成土母质为残积物、黄土母质和黏质黄土母质、红土母质，耕层质地为中壤、重壤，有效土层厚度平均为56.31厘米，耕层厚度平均为13.00厘米，pH在6.25～9.34，平均值为8.24。

该级耕地地面坡度大，多为山坡梯田和坡耕地，侵蚀严重，有效土层较薄，土壤质地差异大，一部分土壤易板结，土体中含有一定量的砾石。一年一作，单产水平较低，一般亩产在200～300千克，杂粮平均亩产在80千克左右，是陵川县最瘠薄农田。

本级耕地土壤有机质平均含量24.43克/千克，属省二级水平；有效磷平均含量为20.37毫克/千克，属省二级水平；速效钾平均含量为189.44毫克/千克，属省三级水平；全氮平均含量为1.44克/千克，属省二级水平；缓效钾平均含量为809.54毫克/千克，属省三级水平；有效硫平均含量为36.90毫克/千克，有效锰平均含量为10.92毫克/千克，均属省四级水平；有效硼平均含量为0.39毫克/千克，属省五级水平；有效铁平均含量为10.52毫克/千克，有效铜平均含量为1.47毫克/千克，有效锌平均含量为1.40毫克/千克，均属省三级水平。五级地土壤养分统计见表4-7。

表4-7　五级地土壤养分统计表

项目	平均值	最大值	最小值	标准差	变异系数
有机质	24.43	30.00	15.25	3.20	13.09

（续）

项目	平均值	最大值	最小值	标准差	变异系数
有效磷	20.37	33.50	2.50	6.01	29.48
速效钾	189.44	298.33	102.50	33.02	17.43
pH	8.24	9.34	6.25	0.27	3.28
缓效钾	809.54	1 087.50	450.00	99.52	12.29
全氮	1.44	2.10	0.98	0.18	12.68
有效硫	36.90	170.00	12.75	20.17	54.67
有效锰	10.92	24.00	3.50	4.10	37.57
有效硼	0.39	0.93	0.18	0.06	15.86
有效铁	10.52	37.00	1.10	4.62	43.93
有效铜	1.47	2.20	0.77	0.26	17.54
有效锌	1.40	3.40	0.50	0.47	33.74
耕层厚度	13.00	16.00	10.00	2.67	20.51

注：表中各项含量单位为：耕层厚度为厘米，有机质、全氮为克/千克，其他均为毫克/千克。

（三）主要存在问题

该级耕地条件较差，一是土层较薄，耕层浅，土质差，养分含量低下；二是所处地理位置多为石质山地，侵蚀严重；三是干旱严重，保水保肥性能差，四是气候冷凉，热量不足。

（四）合理利用

改良土壤，培肥地力，除增施有机肥、实施秸秆还田外，还应种植苜蓿、豆类等养地作物；加强农田基本建设，增加土层厚度，针对土质黏重的土壤，要增施炉灰，改良土质；因地制宜推广地膜覆盖技术；土层较薄的要实行退耕还林、还药还牧，同时要积极抓好核桃干果经济林基地建设。

第五章　中低产田类型分布及改良利用

第一节　中低产田类型及分布

中低产田是指存在各种制约农业生产的土壤障碍因素，导致单位面积产量相对低而不稳的耕地。

通过对全县耕地地力状况的调查，根据土壤主导障碍因素的改良主攻方向，引用山西省耕地地力等级划分标准，结合实际进行分析，陵川县中低产田包括如下2个类型：坡地梯改型、瘠薄培肥型。中低产田面积为30.80万亩，占总耕地面积的67.54%。各类型面积情况统计见表5-1。

表5-1　陵川县中低产田各类型面积情况统计表

类型	面积（万亩）	占总耕地面积（%）	占中低产田面积（%）
坡地梯改型	4.94	10.83	16.04
瘠薄培肥型	25.86	56.71	83.96
合计	30.80	67.54	100

一、坡地梯改型

坡地梯改型是指主导障碍因素为土壤侵蚀，以及与相关的地形，地面坡度、土体厚度，土体构型与物质组成，耕作熟化层厚度与熟化程度等，需要通过修筑梯田埂等田间水保工程加以改良治理的坡耕地。

全县坡地梯改型中低产田面积为4.94万亩，占总耕地面积的10.83%，共有357个评价单元，主要分布于东部冷凉区和中部温和区的山坡地；西部温暖区的低山丘陵缓坡地、山坡中上部和丘陵上部的梁坡地。崇文镇、附城镇、礼义镇、平城镇、西河底镇、杨村镇、潞城镇、马圪当乡、夺火乡、古郊乡、秦家庄乡、六泉乡等12乡（镇）均有分布。

二、瘠薄培肥型

瘠薄培肥型是指受气候、地形条件限制，造成干旱、缺水、土壤养分含量低、结构不良、投肥不足、产量低于当地高产农田，只能通过连年深耕、培肥土壤、改革耕作制度，推广旱农技术等长期性的措施逐步加以改良的耕地。

全县瘠薄培肥型中低产田面积为25.86万亩，占总耕地面积的56.71%。主要在中部温和区和东部冷凉区面积较大。多为丘间沟岸地或丘间梯田、山坡梯田。分布区域地形复杂，崇文镇、附城镇、礼义镇、平城镇、西河底镇、杨村镇、潞城镇、马圪当乡、夺火乡、古郊乡、秦家庄乡、六泉乡等12乡（镇）均有分布。

第二节 生产性能及存在问题

一、坡地梯改型

该类型区地形坡度9°～17°，以中强度侵蚀为主，园田化水平较低，土类为褐土，土壤母质为残积物、黏质黄土母质、冲积物、离石黄土和马兰黄土，耕层质地为中壤土和重壤土，质地构型有均质中壤、均质重壤、黏低中壤和黏身中壤，有效土层厚度大于80厘米，耕层厚度15～26厘米，地力等级多为4～5级，耕地土壤有机质含量24.70克/千克，全氮1.41克/千克，有效磷21.56毫克/千克，速效钾177.58毫克/千克，缓效钾782.80毫克/千克，有效硫36.39毫克/千克，有效锰11.17毫克/千克，有效铁10.10毫克/千克，有效铜1.50毫克/千克，有效锌1.35毫克/千克，有效硼0.40毫克/千克。存在的主要问题是东部冷凉区的坡改梯，地块狭窄，面积较小，分布零碎，土层中等，侵蚀较重，土壤干旱瘠薄、耕层浅，土壤类型以耕二合红立黄土和耕少砾立黄土为主；中西部区的坡改梯，坡度较大，中度侵蚀，土体干旱，土质一般，土层较厚，养分不足，土壤类型有耕二合红立黄土、耕红立黄土和耕立黄土等。

二、瘠薄培肥型

该类型区域土壤轻度侵蚀或中度侵蚀，全部为旱耕地，高水平梯田、坡耕地和缓坡梯田居多，土类包括褐土、粗骨土和红黏土，地形坡度7°～17°，土壤母质残积物、离石黄土和红土母质，有效土层厚度20～150厘米，耕层厚度10～16厘米，地力等级为1～5级，耕层养分含量有机质为23.98克/千克，全氮为1.39克/千克，有效磷为20.66毫克/千克，速效钾为184.24毫克/千克，缓效钾为797.86毫克/千克，有效硫为36.90毫克/千克，有效锰为10.75毫克/千克，有效铁为9.63毫克/千克，有效铜为1.46毫克/千克，有效锌为1.32毫克/千克，有效硼为0.39毫克/千克。存在的主要问题是田面不平，水土流失严重，耕层厚度不一，干旱缺水，土质粗劣，肥力较差，有部分土壤有效土层较薄或土体中夹有一定量的砾石。全县中低产田各类型土壤养分含量平均值情况统计见表5-2。

表5-2 陵川县中低产田各类型土壤养分含量平均值情况统计表

类型	全氮（克/千克）	速效钾（毫克/千克）	有机质（克/千克）	有效磷（毫克/千克）	有效硫（毫克/千克）	有效锰（毫克/千克）	有效硼（毫克/千克）	有效铁（毫克/千克）	有效铜（毫克/千克）	有效锌（毫克/千克）
坡地梯改型	1.411	177.58	24.69	21.56	36.39	11.17	0.4	10.1	1.498	1.35
瘠薄培肥型	1.39	184.23	23.97	20.66	36.91	10.75	0.39	9.64	1.46	1.32
总计平均值	1.394	182.91	24.12	20.84	36.8	10.83	0.398	9.73	1.46	1.32

第三节 改良利用措施

全县中低产田面积30.80万亩，占现有耕地的67.54%，严重影响全县农业生产的发展和农业经济效益，应因地制宜进行改良。

总体上讲，中低产田的改良、耕作、培肥是一项长期而艰巨的任务。通过工程、生物、农艺、化学等综合措施，消除或减轻中低产田土壤限制农业产量提高的各种障碍因素，提高耕地基础地力，其中耕作培肥对中低产田的改良效果是极其显著的。具体措施如下。

1. 施有机肥 增施有机肥，增加土壤有机质含量，改善土壤理化性状并为作物生长提供部分营养物质。据调查，有机肥的施用量达到每年2 000～3 000千克/亩，连续施用3年，可获得理想效果。主要通过秸秆还田和施用堆肥厩肥、人粪尿及禽畜粪便来实现。

2. 平衡施肥 依据当地土壤实际情况和作物需肥规律选用合理配比，有效控制化肥不合理施用对土壤性状的影响，达到提高农产品品质的目的。

（1）巧施氮肥：速效性氮肥极易分解，通常施入土壤中的氮素化肥的利用率只有25%～50%，或者更低。这说明施入土壤中的氮素，挥发渗漏损失严重。所以在施用氮素化肥时一定注意施肥方法、施肥量和施肥时期，提高氮肥利用率，减少损失。

（2）重施磷肥：全县地处黄土高原，属石灰性土壤。土壤中的磷常被固定，而不能发挥肥效。加上部分群众重氮轻磷，作物吸收的磷得不到及时补充。试验证明，在缺磷土壤上增施磷肥增产效果明显。要提倡集中施用和增施人粪尿与骡马粪堆沤肥，因为其中的有机酸和腐殖酸能促进非水溶性磷的溶解，提高磷素的活力。

（3）因地施用钾肥：全县土壤中钾的含量虽然在短期内不会成为限制农业生产的主要因素，但随着农业生产进一步发展和作物产量的不断提高，土壤中的有效钾的含量也会处于不足状态，所以在生产中，应定期监测土壤中钾的动态变化。

然而，不同的中低产田类型有其自身的特点，在改良利用中应针对这些特点，采取相应的措施。

一、坡地梯改型中低产田的改良利用

1. 梯田工程 对坡度大于或等于17°以上的坡地梯改型中低产田，采取水平修筑梯田梯埂等田间水保工程，改变地表形态，防止土、肥、水的流失，变“三跑田”为“三保田”。根据地形和地貌特征，进行详细的测量规划，计算土方量，绘制规划图。涉及内容包括里切外垫、整修地埂。

（1）里切外垫操作规程：一是就地填挖平衡，土方不进不出；二是平整后从外到内要形成1°的坡度。

（2）修筑田埂操作规程：要求地埂截面为梯形，上宽0.3米，下宽0.4米，高0.5米，其中有0.25米在活土层以下。

2. 增加梯田土层及耕作熟化层厚度 新建梯田的土层厚度相对较薄，耕作熟化程度

较低，梯田土层厚度及耕作熟化层厚度的增加是这类田地改良的关键。梯田土层厚度的一般标准为：土层厚度大于80厘米，耕作熟化层大于20厘米，有条件的应达到土层厚度大于100厘米，耕作熟化层厚度大于25厘米。

3. 玉米秸秆覆盖还田技术　利用秸秆还田机，把玉米秸秆粉碎还田，亩用玉米秸秆600千克；或采用整秆覆盖于地表、沟埋使秸秆埋入地里；并增施氮肥（尿素）2.5千克，撒于地面，深翻入土。

4. 测土配方施肥技术　根据化验结果、土壤供肥性能、作物需肥特性、目标产量、肥料利用率等因子，拟定玉米配方施肥方案如下：＞400千克/亩，纯氮（N）—磷（P_2O_5）—钾（K_2O）为10—5—2千克/亩；300～400千克/亩，纯氮—磷—钾为8－4－0千克/亩；200～300千克/亩，纯氮—磷—钾为8—4—0千克/亩。

5. 施用抗旱保水剂技术　玉米播种前，用抗旱保水剂1.5千克与有机肥均匀混合后施入土中，或于玉米生长期进行多次喷施。

6. 增施硫酸亚铁熟化技术　经过里切外垫后的地块，采用土壤改良剂硫酸亚铁进行土壤熟化。动土方量小的地块，每亩用硫酸亚铁20～30千克，动土方量大的地块，每亩用30～40千克。

二、瘠薄培肥型中低产田的改良利用

1. 平整土地与条田建设　将平川旱塬地规划成条田，平整土地，以蓄水保墒有条件的地方，开发利用地下水资源或打旱井蓄住地表水，实行节水灌溉，由中低产田变成高产田。通过水土保持和提高水资源开发水平，发展粮菜生产。

2. 实行水保耕作法　在平川区推广地膜覆盖旱农技术：山地、丘陵推广丰产沟田或者整秆覆盖、整秆沟埋技术，有效保持土壤水分，满足作物需求，提高作物产量。

3. 测土配方施肥技术　根据化验结果、土壤供肥性能、作物需肥特性、目标产量、肥料利用率等因子，拟定玉米配方施肥方案如下：＞400千克/亩，纯氮（N）—磷（P_2O_5）—钾（K_2O）为10—5—2千克/亩；300～400千克/亩，纯氮—磷—钾为8—4—0千克/亩；200～300千克/亩，纯氮—磷—钾为8—4—0千克/亩。

4. 深耕增厚耕作层技术　采用60拖拉机悬挂深耕深松犁或带4～6铧深耕犁，在玉米收获后进行土壤深松耕，要求耕作深度30厘米以上。

5. 大力兴建林带植被　特别是对部分夹砾、夹料姜有不良层次的瘠薄培肥型，因地制宜地造林、种草、种药材，与农作物种植有效结合，兼顾生态效益和经济效益，发展复合农业。

第六章　耕地地力评价与测土配方施肥

第一节　测土配方施肥的原理与方法

一、测土配方施肥的含义

测土配方施肥是以土壤测试和田间肥料试验为基础，根据作物需肥规律和特点、土壤供肥性能和肥料效应，在合理施用有机肥料的基础上，提出氮、磷、钾及中、微量元素等肥料的施用量、施肥时期和施用方法。通俗地讲，就是应用各项先进技术措施来科学施用配方肥料。测土配方施肥技术的核心就是调节和解决作物需肥与土壤供肥之间的矛盾，同时有针对性地补充作物所需的营养元素，做到作物需要什么元素、土壤中缺什么元素就施什么元素，需要多少、差多少就补多少，实现各种养分平衡供应，满足作物的需要，达到提高肥料利用率和减少用量，提高作物产量，改善农产品质量，节支增效的目的。

二、应用前景

土壤有效养分是作物营养的主要来源，施肥是补充和调节土壤养分数量与补充作物营养最有效手段之一。作物因其种类、品种、生物学特性、气候条件以及农艺措施等诸多因素的影响，其需肥规律差异较大。因此，及时了解不同作物种植土壤中的土壤养分变化情况，对于指导科学施肥具有重要的现实意义。

测土配方施肥是一项应用性很强的农业科学技术，在农业生产中大力推广应用，对促进农业增效、农民增收具有十分重要的作用。通过测土配方施肥的实施，能达到5个目标：一是节肥增产。在合理施用有机肥的基础上，提出合理的化肥投入量，调整养分配比，使作物产量在原有基础上能最大限度地发挥其增产潜能。二是提高产品品质。通过田间试验和土壤养分化验，在掌握土壤供肥状况，优化化肥投入的前提下，科学调控作物所需养分的供应，达到改善农产品品质的目标。三是提高肥效。在准确掌握土壤供肥特性，作物需肥规律和肥料利用率的基础上，合理设计肥料配方，从而达到提高产投比和增加施肥效益的目标。四是培肥改土。实施测土配方施肥必须坚持用地与养地相结合、有机肥与无机肥相结合，在逐年提高作物产量的基础上，不断改善土壤的理化性状，达到培肥和改良土壤，提高土壤肥力和耕地综合生产能力，实现农业可持续发展。五是生态环保。实施测土配方施肥，可有效地控制化肥特别是氮肥的投入量，提高肥料利用率，减少肥料的面源污染，避免因施肥引起的富营养化，实现农业高产和生态环保相协调的目标。

三、测土配方施肥的依据

（一）土壤肥力是决定作物产量的基础

肥力是土壤的基本属性和质的特征，是土壤从养分条件和环境条件方面，供应和协调作物生长的能力。土壤肥力是土壤的物理、化学、生物学性质的反映，是土壤诸多因素共同作用的结果。农业科学家通过大量的田间试验和示踪元素的测定证明，作物产量的构成，有40%～80%的养分吸收自土壤。养分吸自土壤养分比例大小和土壤肥力的高低有着密切的关系，土壤肥力越高，作物吸自土壤养分的比例就越大；相反，土壤肥力越低，作物吸自土壤的养分越少，那么肥料的增产效应相对增大，但土壤肥力低绝对产量也低。要提高作物产量，首先要提高土壤肥力，而不是依靠增加肥料。因此，土壤肥力是决定作物产量的基础。

（二）有机与无机相结合、大中微量元素相配合

用地与养地相结合是测土配方施肥的主要原则，实施配方施肥必须以有机肥为基础，土壤有机质含量是土壤肥力的重要指标。增施有机肥可以增加土壤有机质含量，改善土壤理化、生物性状，提高土壤保水保肥性能，增强土壤活性，促进化肥利用率的提高，各种营养元素的配合才能获得高产稳产。要使作物—土壤—肥料形成物质和能量的良性循环，必须坚持用养结合，投入、产出相对平衡，保证土壤肥力的逐步提高，达到农业的可持续发展。

（三）测土配方施肥的理论依据

测土配方施肥是以养分归还（补偿）学说、最小养分律、同等重要律、不可代替律、肥料效应报酬递减律和因子综合作用律等为理论依据，以确定不同养分的施肥总量和配比为主要内容。

1. 养分归还（补偿）**学说**　作物产量的形成有40%～80%的养分来自土壤，但不能把土壤看做一个取之不尽、用之不竭的“养分库”。依靠施肥，可以把被作物吸收的养分“归还”土壤，确保土壤肥力。

2. 最小养分律　作物生长发育需要吸收各种养分，但严重影响作物生长，限制作物产量的是土壤中那种相对含量最小的养分因素，也就是最缺的那种养分（最小养分）。如果忽视这个最小养分，即使继续增加其他养分，作物产量也难以再提高。

3. 同等重要律　对农作物来讲，不论大量元素或微量元素，都是同样重要缺一不可的，即使缺少某一种微量元素，尽管它的需要量很少，仍会影响某种生理功能而导致减产。微量元素与大量元素同等重要，不能因为需要量少而忽略。

4. 不可替代律　作物需要的各营养元素，在作物体内部有一定功效，相互之间不能替代。如缺磷不能用氮代替，缺钾不能用氮、磷配合代替。缺少什么营养元素，就必须施用含有该元素的肥料进行补充。

5. 报酬递减律　当施肥量超过适量时，作物产量与施肥量之间的关系就不再是曲线模式，而是抛物线模式了，单位施肥量的增产会呈递减趋势。

6. 因子综合作用律　作物产量高低是由影响作物生长发育诸多因素综合作用的结果，

但其中必有一个起主导作用的限制因子，产量在一定程度上受该限制因素的制约。为了充分发挥肥料的增产作用和提高肥料的经济效益，一方面，施肥措施必须与其他农业技术措施密切配合，发挥生产体系的综合功能；另一方面，各种养分之间的配合施用，也是提高肥效不可忽视的问题。

四、测土配方施肥确定施肥量的基本方法

（一）土壤与植物测试推荐施肥方法

该技术综合目标产量法、养分丰缺指标法和作物营养诊断法的优点。对于大田作物，在综合考虑有机肥、作物秸秆利用和管理措施的基础上，根据氮、磷、钾和中、微量元素养分的不同特征，采取不同的养分优化调控与管理策略。其中，氮肥推荐根据土壤供氮状况和作物需氮量，进行实时动态监测和精确调控，包括基肥和追肥的调控；磷、钾肥通过土壤测试和养分平衡进行监控；中、微量元素采用因缺补缺的矫正施肥策略。该技术包括氮素实时监控、磷钾养分恒量监控和中、微量元素养分矫正施肥技术。

1. 氮素实时监控施肥技术 基肥用量根据不同土壤、不同作物、不同目标产量确定作物的需氮量，以需氮量的30%～60%作为基肥用量。具体基施比例根据土壤全氮含量，同时参照当地丰缺指标来确定。一般在全氮含量偏低时，采用需氮量的50%～60%作为基肥；全氮含量居中时，采用需氮量的40%～50%作为基肥；全氮含量偏高时，采用需氮量的30%～40%作为基肥。30%～60%基肥比例可根据上述方法确定。并且通过“3414”试验进行校验，建立当地不同作物的施肥指标体系。

有条件的地区可在播种前对0～20厘米土壤无机氮进行监测，调节基肥用量。

$$\underset{(\text{千克/亩})}{\text{基肥用量}}=\frac{(\text{目标产量需氮量}-\text{土壤无机氮})\times(30\%\sim60\%)}{\text{肥料中养分含量}\times\text{肥料当季利用率}}$$

其中：土壤无机氮（千克/亩）＝土壤无机氮测试值（毫克/千克）×0.15×校正系数

氮肥追肥用量推荐以作物关键生育期的营养状况诊断或土壤硝态氮的测试为依据，测试项目主要是土壤全氮含量、土壤硝态氮含量或者小麦拔节期茎基部硝酸盐浓度、玉米最新展开叶叶脉中部硝酸盐浓度。

2. 磷钾肥养分恒量监控施肥技术 磷肥用量基本思路是根据土壤有效磷测试结果和养分丰缺指标进行分级，当有效磷水平处于中等偏上时，可以将目标产量需要量的100%～110%作为当季磷用量；随着有效磷含量的增加，需要减少磷用量，直至不施；而随着有效磷含量的降低，需要适当增加磷用量；在极缺磷的土壤上，可以施到需要量的150%～200%。在2～4年后再次测土时，根据土壤有效磷和产量的变化再对磷肥用量进行调整。

钾肥用量首先要确定施用钾肥是否有效，再参照上面的方法确定钾肥的用量，但需要考虑有机肥和秸秆还田带入的钾肥量。一般大田作物磷钾肥全部做基肥。

3. 中微量元素养分矫正施肥技术 中、微量元素养分的含量变幅大，作物对其需要量也各不相同。主要与土壤特性、作物种类和产量水平等有关。矫正施肥就是通过测试评价土壤中、微量元素养分的丰、缺状况，进行有针对性的因缺补缺的施肥。

（二）肥料效应函数法

根据“3414”田间试验结果建立当地主要作物的肥料效应函数，直接获得某一区域、某种作物的氮、磷、钾肥料最佳施用量，为肥料配方和施肥推荐提供依据。

（三）土壤养分丰缺指标法

通过土壤养分测试结果和田间肥效试验结果，按照相对产量低于50%的土壤养分为极低，50%～75%为低，75%～95%为中，大于95%为高，从而确定适用于某一区域、某种作物的土壤养分丰缺指标。

在建立了土壤养分丰缺指标后，需要建立针对不同肥力水平的推荐施肥量。一般步骤是：

（1）将每个试验的产量和施肥量进行回归分析，建立肥料效应函数。

（2）通过边际分析，计算每个试验点的最佳施肥量。

（3）多年多点的结果按照高、中、低肥力水平进行汇总，计算不同肥力水平下的推荐施肥量和上、下限，这样就可以获得推荐施肥指标，进行施肥推荐。

（四）养分平衡法

1. 基本原理与计算方法　根据作物目标产量需肥量与土壤供肥量之差估算目标产量的施肥量，通过施肥补足土壤供应不足的那部分养分。目标产量确定后因土壤供肥量的确定方法不同，形成了地力差减法和土壤有效养分校正系数法两种。

地力差减法是根据作物目标产量与基础产量之差来计算施肥量的一种方法。其计算公式为：

$$\text{施肥量（千克/亩）}=\frac{\text{（目标产量}-\text{基础产量）}\times\text{单位经济产量养分吸收量}}{\text{（肥料养分含量}\times\text{肥料利用率）}}$$

基础产量即为“3414”试验方案中处理1的产量。

土壤有效养分校正系数法是通过土壤有效养分来计算施肥量。计算公式为：

$$\text{施肥量（千克/亩）}=\frac{\text{作物单位产量养分吸收量}\times\text{目标产量}-\text{土壤测定值}\times 0.15\times\text{土壤有效养分校正系数}}{\text{肥料养分含量}\times\text{肥料利用率}}$$

2. 有关参数的确定　五个参数：目标产量、作物需肥量、土壤供肥量、肥料利用率、肥料养分含量

①目标产量：目标产量可采用平均单产法来确定。平均单产法是利用施肥区前3年平均单产和年递增率为基础确定目标产量，其计算公式是：

目标产量法（千克/亩）＝（1＋递增率）×前3年平均单产（千克/亩）

一般粮食作物的递增率为10%～15%，露地蔬菜为20%，设施蔬菜为30%。

②作物需肥量

通过对正常成熟的农作物全株养分的分析，测定各种作物百千克经济产量所需养分量，乘以目标产量即可获得作物需肥量。

$$\text{作物目标产量所需养分量（千克）}=\frac{\text{目标产量（千克）}}{100}\times\text{百千克产量所需养分量（千克）}$$

③土壤供肥量

土壤供肥量可以通过测定基础产量、土壤有效养分系数两种方法估算：

通过基础产量估算（处理 1 产量）：不施肥区作物所吸收的养分量作为土壤供肥量。

$$\text{土壤供肥量（千克）}=\frac{\text{不施养分区农作物产量（千克）}}{100}\times\text{百千克产量所需养分量（千克）}$$

通过土壤有效养分较正系数估算：

$$\text{土壤供肥量}=\text{土壤测定值（毫克/千克）}\times 0.15\times\text{校正系数}$$

④肥料利用率

一般通过差减法来计算：利用施肥区作物吸收的养分量减去不施肥区农作物吸收的养分量，其差值视为肥料供应的养分量，再除以所用肥料养分量就是肥料利用率。

$$\text{肥料利用率（\%）}=\frac{\text{施肥区农作物吸收养分量（千克/亩）}-\text{缺素区农作物吸收养分量（千克/亩）}}{\text{肥料施用量（千克/亩）}\times\text{肥料中养分含量（\%）}}\times 100$$

上述公式以计算氮肥利用率为例来进一步说明。

施肥区（$N_2P_2K_2$ 区）农作物吸收养分量（千克/亩）："3414" 方案中处理 6 的作物总吸氮量；

缺氮区（$N_0P_2K_2$ 区）农作物吸收养分量（千克/亩）："3414" 方案中处理 2 的作物总吸氮量；

肥料施用量（千克/亩）：施用的氮肥肥料用量；

肥料中养分含量（%）：施用的氮肥肥料所标明的含氮量。

如果同时使用了不同品种的氮肥，应计算所用的不同氮肥品种的总氮量。

⑤肥料养分含量

供施肥料包括无机肥料与有机肥料。无机肥料、商品有机肥料含量按其标明量，不明养分含量的有机肥料养分含量可参照当地不同类型有机肥养分平均含量获得。

第二节　测土配方施肥项目技术内容和实施情况

一、样品采集

全县 3 年共采集土样 5 500 个，覆盖全县 378 个行政村所有耕地。采样布点根据采样村耕地面积和地理特征确定点位和点位数→野外工作带上取样工具（土钻、土袋、调查表、标签、GPS 定位仪等）→联系村对地块熟悉的农户代表→到采样点位选择有代表性地块→GPS 定位仪定位→S 形取样→混样→四分法分样→装袋→填写内外标签→填写采样点农户基本情况调查表→处理土样→填写送样清单→送化验室化验分析→化验分析结果汇总。

二、田间调查

根据项目要求，以村为单位，填写采样地块调查表 5 500 份，试验示范地块农户调查表 70 份，在对农户调查的同时，还采用随机等距的方法抽取了潞城、平城、礼义、崇文、西河底 5 个乡镇的 144 个村 400 个农户进行农户施肥情况调查，填写农户施肥情况调查表 400 份，初步掌握了全县耕地地力条件、土壤理化性状与施肥管理水平。并对其中 300 户测土配方施肥农户应用效果进行了评价。

三、分析化验

土壤和植株测试是测土配方施肥最为重要的技术环节，也是制定肥料配方的重要依据。全县采集的 5 500 个土样，共测试 50 364 项次，其中，有机质和大量元素 38 500 项次、中微量元素 9 800 项次，其他项目 2 064 项次。测试植物籽粒样 196 个，测试 2 352 项次。为制定施肥配方和田间试验提供了准确的基础数据。

测试方法简述：

（1）pH：土液比 1∶2.5，电位法测定。

（2）有机质：采用油浴加热重铬酸钾氧化容量法测定。

（3）全磷：采用氢氧化钠熔融——钼锑抗比色法测定。

（4）有效磷：采用碳酸氢钠浸提——钼锑抗比色法测定。

（5）全钾：采用氢氧化钠熔融——火焰光度计法测定。

（6）速效钾：采用乙酸铵浸提——火焰光度计法测定。

（7）全氮：采用凯氏蒸馏法测定。

（8）碱解氮：采用碱解扩散法测定。

（9）缓效钾：采用硝酸提取——火焰光度法测定。

（10）有效铜、锌、铁、锰：采用 DTPA 提取——原子吸收光谱法测定。

（11）有效钼：采用草酸—草酸铵浸提——极谱法测定。

（12）水溶性硼：采用沸水浸提——姜黄素比色法测定。

（13）有效硫：采用氯化钙浸提——硫酸钡比浊法测定。

（14）有效硅：采用柠檬酸浸提——硅钼蓝色比色法测定。

（15）交换性钙和镁：采用乙酸铵提取——原子吸收光谱法测定。

（16）阳离子交换量：采用 EDTA——乙酸铵盐交换法测定。

四、田间试验

按照省土肥站制定的“3414”试验方案，围绕玉米安排“3414”试验 70 个，并严格按照农业部《测土配方施肥技术规范》要求执行。通过试验初步摸清了土壤养分校正系数、土壤供肥量、农作物需肥规律和肥料利用率等基本参数。建立了主要作物玉米的氮磷钾肥料效应模型，确定了玉米施肥品种和数量，基肥、追肥分配比例，最佳施肥时期和施肥方法，建立了玉米施肥指标体系，为配方设计和施肥指导提供了科学依据。

玉米“3414”试验操作规程如下：

根据全县地理位置、肥力水平和产量水平等因素，确定“3414”试验地点→土肥站技术人员编写试验方案→乡镇农技人员承担试验→玉米播前召开专题培训会→试验地基础土样采集与调查→规划地块小区→土肥站技术人员按区称肥→不同处理按照方案施肥播种→生育期和农事活动调查记载→收获期测产调查→小区植株籽粒取样→小区产量汇总→室内考种→试验结果分析汇总→撰写试验报告。在试验中除了要求试验人员严格按照试验操作规程操作，做好有关记载和调查外，县土肥站还在作物生长关键期组织人员到各试验点进行检查指导，确保试验成功。

五、配方制定与校正试验

根据土壤化验结果，结合试验数据，组织省、市有关专家，根据当地气候、土壤类型、土壤质地、种植结构、施肥习惯，进行了玉米配方设计。全县设计配方 6 个（N：P_2O_5：K_2O）比例：16：7：5、14：7：4、13：6：4、12：6：0，11：6：0、10：5：0），不同施肥区域进行大配方、小调整使用。另外，根据取样地块化验数据填写了 5 500 个精准小配方，为农民按方购肥、科学施肥提供了依据。3 年来，共安排玉米校正试验 60 个。通过校正试验可知配方施肥区比常规施肥区增产率 5.7%，利润率 117%；配方施肥区比常规施肥区亩平均节支增收 57 元。

六、配方肥加工与推广

玉米配方主要为高产田 N：P_2O_5：K_2O（16：7：5 和 14：7：4）；中产田 N：P_2O_5：K_2O（13：6：4 和 12：6：0）；低产田 N：P_2O_5：K_2O（12：5：0 和 10：5：0）。所用配方肥由晋城市泽锦生物科技有限公司生产和山西省晨雨科技开发连锁经营有限公司生产。3 年累计配方肥施用面积 65 万亩，推广配方肥 3.25 万吨。

在配方肥推广上，主要是通过县、乡、村三级科技推广网络和陵川县供销联社强强联手，进行配方肥推广。县、乡、村三级科技推广网络主要进行技术培训和技术咨询，县供销联社负责下属 150 个农资连锁店及 70 个农家店供肥服务站的挂牌及销售监督，供肥服务站主要进行配方肥的供应。由于配方肥推广网络健全、分工明确，使陵川县配方肥推广销售体系健全，农民施用配方肥积极性高，效益明显。

七、数据库建设与地力评价

在数据库建设上，按照农业部规定的测土配方施肥数据字典格式建立数据库，以第二次土壤普查、耕地地力调查、土壤肥料田间试验和土壤监测数据资料为基础，收集整理了本次野外调查、田间试验和分析化验数据，委托山西农业大学资源环境学院建立土壤养分图和测土配方施肥数据库，并进行县域耕地地力评价。同时，开展了田间试验、土壤养分测试数据、肥料配方、专家咨询系统等方面的技术研发工作，不断提升测土配方施肥水平。

八、化验室建设与质量控制

陵川县原有化验室面积 90 米^2，经过扩建改装，现有化验室面积 200 米^2，实现了分室放置仪器、试剂、土样、资料等的需要，达到了项目要求。同时对化验室原有仪器设备进行了整理、分类、检修、调试，对化验室进行了重新布置，三相用电、排水管道、通风管等进行重新安装，缺乏的试剂、仪器通过政府采购中心进行了公开招标采购，新采购仪器有：原子吸收分光光度计、紫外可见光光度计、电导率仪、纯水器、真空干燥箱、万分之一电子天平、百分之一电子天平、计算机、土样风干盘、土筛等先进仪器，使陵川县化验室具备了对土壤、植物、化肥等进行常规分析化验的能力。

九、技术推广应用

3 年来制作发放测土配方施肥建议卡 10 万份，其中 2007 年 5 万份，2008 年 3 万份，2009 年 2 万份。配方施肥建议卡入户率达到 100%，共建立万亩测土配方施肥示范区 6 个，分别是崇文、礼义、附城、平城、潞城、西河底六镇，千亩示范区 25 个，百亩示范方 10 个。3 年来通过广播电视、网站、报刊、科技赶集、发放资料、入村、入户进行测土配方施肥技术宣传和培训，举办各类培训班 62 期次，培训技术骨干 7 300 人次，培训农民达到 100 500 人次，培训肥料经销人员 620 人次，发放培训资料 10 万份；利用广播电视开展宣传 121 次，在《太行日报》、《陵川报》上发表简报 33 余条，开现场会 6 次。

通过宣传动员，使农民对测土配方施肥的意义和效果有了认识，对缺什么补什么，做到合理施肥、科学施肥有了更积极的行动；通过项目实施取得了较好的经济效益、社会效益和生态效益，极大地促进了陵川县农业生产的发展。

第三节　田间肥效试验及施肥指标体系建立

根据农业部及省农业厅测土配方施肥项目实施方案的安排和省土肥站制定的《山西省主要作物“3414”肥料效应田间试验方案》、《山西省主要作物测土配方施肥示范方案》所规定的标准，为摸清陵川县土壤养分校正系数，土壤供肥能力，不同作物养分吸收量和肥料利用率等基本参数；掌握农作物在不同施肥单元的优化施肥量，施肥时期和施肥方法；构建农作物科学施肥模型，为完善测土配方施肥技术指标体系提供科学依据。从 2007 年春播起，在大面积实施测土配方施肥的同时，安排实施了玉米试验 70 点次，示范 60 点次，取得了大量的试验数据，为下一步的测土配方施肥工作奠定了良好基础。

一、测土配方施肥田间试验的目的

田间试验是获得各种作物最佳施肥品种、施肥比例、施肥时期、施肥方法的唯一途径，也是筛选、验证土壤养分测试方法、建立施肥指标体系的基本环节。通过田间试验，掌握各个施肥单元不同作物优化施肥数量，基、追肥分配比例，施肥时期和施肥方法；摸清土壤养分较正系数、土壤供肥能力、不同作物养分吸收量和肥料利用率等基本参数；构建作物施肥模型，为施肥分区和肥料配方设计提供依据。

二、测土配方施肥田间试验方案的设计

（一）田间试验方案设计

按照农业部《测土配方施肥技术规范》的要求，以及山西省农业厅土壤肥料工作站《测土配方施肥实施方案》的规定，根据陵川县主栽作物为玉米的实际，采用“3414”方案设计。

“3414”方案设计是指氮、磷、钾3个因素、4个水平、14个处理。4个水平的含义：0水平指不施肥；2水平指当地推荐施肥量；1水平为2水平的一半（该水平为减半施肥）；3水平为2水平的1.5倍（该水平为过量施肥）。玉米二水平处理的施肥量（kg/亩），N14、P_2O_5 8、K_2O8，NPK小区随机排列，处理内容见表6-1。

表6-1　“3414”完全试验方案内容

试验编号	处理	N	P	K
1	$N_0P_0K_0$	0	0	0
2	$N_0P_2K_2$	0	2	2
3	$N_1P_2K_2$	1	2	2
4	$N_2P_0K_2$	2	0	2
5	$N_2P_1K_2$	2	1	2
6	$N_2P_2K_2$	2	2	2
7	$N_2P_3K_2$	2	3	2
8	$N_2P_2K_0$	2	2	0
9	$N_2P_2K_1$	2	2	1
10	$N_2P_2K_3$	2	2	3
11	$N_3P_2K_2$	3	2	2
12	$N_1P_1K_2$	1	1	2
13	$N_1P_2K_1$	1	2	1
14	$N_2P_1K_1$	2	1	1

（二）试验实施

（1）试验地点安排：分布在全县12个乡镇。

（2）试验品种：当地作物主栽品种。

（3）施肥方式：春玉米磷、钾肥全部、氮肥2/3作底肥，1/3氮肥在拔节期至大喇叭口期追施。

（4）选用肥料：尿素含N46%，过磷酸钙含$P_2O_5$12%，硫酸钾含K_2O50%。

（5）试验田选择：一般试验地应选择地块平坦、整齐、均匀，具有代表性的不同肥力水平地块；坡地应选择坡度平缓，肥力差异较小的田块；试验地应避开道路、堆肥场所等特殊地块。

（6）试验准备：整地、设置保护行、试验地区划；试验前多点采集土壤样品 2 千克。依测试项目不同分别制备土样。

（7）试验重复与小区排列：为保证试验精度，减少人为因素、土壤肥力和气候因素的影响，“3414”完全试验不设重复。采用随机区组排列，区组内土壤、地形等条件应相对一致，区组间允许有差异。小区面积 36 米^2，小区宽度 4 米，长度 9 米。

（8）试验记载与测试：包括试验地基本情况、地址信息、位置信息、土壤分类信息、土壤信息、试验气象因素、施肥信息、生产管理信息、生育性状调查、试验地土壤养分测试等。

（9）收获期考种、测产与植株养分测试：包括考种项目、产量测算、植株养分分析等。

（10）试验统计分析：田间调查和室内考种所得数据，全部按照肥料效应鉴定田间试验技术规程操作，利用 Excel 程序和“3414”田间试验设计与数据分析管理系统进行分析。

三、田间试验实施情况

（一）试验情况

1. “3414”完全试验　陵川县共安排玉米“3414”肥效试验 70 个，其中 2007 年 20 个，主要设在礼义、西下河、西井头、营里、潞城、北四渠、小会、南边、横水、高谷堆、侍南岭、良种场、东八渠、石家坡、平城东街、杨村、徐社、下川、尧庄、秦山村；2008 年 20 个，主要设在牛家川、石字岭、西下河、南边、治头、石家坡、礼义、杨村、凤凰、小会、尧庄、徐社、四义、下川、小平、大义井、潞城、铺上、平城东街、平城南街村；2009 年 30 个，主要设在盖城、神山头、侍郎岗、西河底、萝卜掌、西伞、三泉村、南边、东村、杨村、夏壁、草坡、潞城、古石村、冶头、小郊、礼义镇西街、西河、大义井、和脚家、小平、石家坡、平城镇东街等村。

2. 校正试验　陵川县共安排校正试验 50 个，其中 2007 年 10 个，主要设在杨村、潞城、良种场、西井头、平城东街、南边、徐社、石家坡、营里、小会；2008 年 20 个，主要设在牛家川、石字岭、西下河、南边、治头、石家坡、礼义、杨村、凤凰、小会、尧庄、徐社、四义、下川、小平、大义井、潞城、铺上、平城东街、平城南街；2009 年 20 个，主要设在盖城、神山头、侍郎岗、西河底、萝卜掌、西伞、三泉、南边、东村、杨村、夏壁、草坡、潞城、古石、冶头、小郊、礼义镇西街、西河、大义井、和脚家、小平、石家坡、平城镇东街、椅掌、申庄、野川底等村。

（二）试验示范效果

1. “3414”完全试验　通过完全试验，获得了三元二次回归方程及氮、磷、钾一元二次方程，通过试验取得了全县土壤养分丰缺指标和校正系数等参数。

2. 校正试验　通过 3 年玉米校正试验，可知配方施肥区比常规施肥区增产率 5.7%，利润率 117%。配方施肥区比常规施肥区亩节约肥料 1.9 千克，计 9.9 元；亩产量平均增加 36.5 千克，计 47.4 元，两项合计亩平均节支增收 57 元，从而可验证肥料配方可行。

四、初步建立了玉米测土配方施肥土壤养分丰缺指标体系

(一) 初步建立了作物需肥量、肥料利用率、土壤养分校正系数等施肥参

1. 作物需肥量 通过对正常成熟的玉米全株养分的分析，可以得出玉米百千克经济产量所需养分量。陵川县玉米100千克产量所需养分量为N：2.51、P_2O_5：0.63、K_2O：2.14（该结果需进一步试验验证）。玉米需肥量可用以下公式计算，计算公式为：

$$玉米需肥量=\frac{目标产量}{100}\times 100\ 千克籽粒所需养分量$$

2. 土壤供肥量 土壤供肥量可以通过测定基础产量，土壤有效养分校正系数两种方法计算：

（1）通过基础产量计算：不施肥区作物所吸收的养分量作为土壤供肥量，计算公式：土壤供肥量＝［施肥养分区作物产量（千克）÷100］×100千克产量所需养分量（千克）。

（2）通过土壤养分校正系数计算：将土壤有效养分测定值乘一个校正系数，以表达土壤"真实"的供肥量。

确定土壤养分校正系数的方法是：校正系数缺素区作物地上吸收该元素量/该元素土壤测定值×0.15。根据这个方法，初步建立了陵川县玉米不同土壤养分含量下的碱解氮、有效磷、速效钾的校正系数，见表6-2。

表6-2 土壤养分含量及校正系数

单位：毫克/千克

碱解氮	含量	<45	45～90	90～145	145～165	>165
	校正系数	0.92	0.92	0.73	0.57	0.57
有效磷	含量	<4.0	4.0～11	11～23	23～30	>30
	校正系数	1.24	1.24	1.01	0.73	0.73
速效钾	含量	<45	45～100	100～180	180～210	>210
	校正系数	0.45	0.45	0.41	0.36	0.36

3. 肥料利用率 肥料利用率通过田间差减法来求出。方法是：利用施肥区作物吸收的养分量减去不施肥区作物吸收养分量，其差值为肥料供应的养分量，再除以所用肥料养分量就是肥料利用率。根据这个方法，能够得出陵川县玉米田肥料利用率。通过计算，氮肥利用率为25.6%，磷肥利用率约为9.7%，钾肥利用率约为24.3%。

4. 玉米目标产量的确定方法 利用施肥区前3年平均单产和年递增率为基础确定目标产量，其计算公式为：

目标产量（千克/亩）＝（1＋年递增率）×前3年平均单产（千克/亩）。玉米的递增率为5%～10%为宜。

5. 施肥方法 在施肥方法上主要以集中施肥为主，采用沟施或穴施，磷肥可与有机肥一起施用。减少或杜绝撒施现象，以减少肥效的挥发与浪费。在施肥时期上要求农户在玉米播种前，如果缺磷地块要求底施磷肥可实行秋施肥，以便更好地利用磷肥的后效，提

高磷肥的利用率；氮肥要一半或 2/3 底施，一半或 1/3 追肥，并且要尽量在玉米拔节期至大喇叭口期追施。补钾和锌地块都要求全部底施。改变陵川县的一炮轰或光追不施基肥现象，形成科学合理的施肥方式。

（二）初步建立了玉米丰缺指标体系

1. 碱解氮丰缺指标

等级	相对产量（%）	土壤 N 含量（毫克/千克）
极高	>95	>168.7
高	90～95	145.1～168.7
中	75～90	92.4～145.1
低	50～75	43.5～92.4
极低	<50	<43.5

2. 有效磷丰缺指标

等级	相对产量（%）	土壤 P_2O_5 含量（毫克/千克）
极高	>95	>29.5
高	90～95	23.4～29.5
中	75～90	11.6～23.4
低	50～75	3.6～11.6
极低	<50	<3.6

3. 速效钾丰缺指标

等级	相对产量（%）	土壤 K_2O 含量（毫克/千克）
极高	>95	>218
高	90～95	183～218
中	75～90	108～183
低	50～75	45～108
极低	<50	<45

第四节　玉米不同区域测土配方施肥技术

陵川县玉米常年种植面积稳定在 30 万亩左右，占全县耕地面积的 66%以上，玉米产量的高低直接关系着全县人民的生活安定和社会稳定。

（一）玉米的需肥特征

1. 玉米对肥料三要素的需要量　玉米是需水肥较多的高产作物，一般随着产量提高，所需营养元素也在增加。玉米全生育期吸收的主要养分中，以氮最多，钾次之，磷较少。

玉米对微量元素尽管需要量少，但不可忽视，特别是随着施肥水平提高，施用微肥的增产效果更加显著。

综合国内外研究资料，一般每生产 100 千克玉米籽粒，需吸收氮 2.2～4.2 千克、磷 0.5～1.5 千克、钾 1.5～4 千克，肥料三要素的比例约为 3∶1∶2。其中春玉米吸收氮、磷、钾分别为 2.57 千克、0.86 千克、2.14 千克。吸收量常受播种季节、土壤肥力、肥料种类和品种特性的影响。据全国多点试验，玉米植株对氮、磷、钾的吸收量常随产量的提高而增多。

2. 玉米对养分需求的特点 玉米吸收的矿质元素多达 20 余种，主要有氮、磷、钾三种大量元素，硫、钙、镁等中量元素，铁、锰、硼、铜、锌、钼等微量元素。

（1）氮：氮在玉米营养中占有突出地位。氮是植物构成细胞原生质、叶绿素以及各种酶的必要因素。因而氮对玉米根、茎、叶、花等器官的生长发育和体内的新陈代谢作用都会产生明显的影响。

玉米缺氮的特征是株型细瘦，叶色黄绿。首先是下部老叶从叶尖开始变黄，然后沿中脉伸展呈楔形（V），叶边缘仍呈绿色，最后整个叶片变黄干枯。缺氮还会引起雌穗形成延迟，甚至不能发育，或穗小、粒少、产量降低。

（2）磷：磷在玉米营养中也占重要地位。磷是核酸、核蛋白的必要成分，而核蛋白又是植物细胞原生质、细胞核和染色体的重要组成部分。此外，磷对玉米体内碳水化合物代谢有很大作用。由于磷直接参与光合作用过程，有助于合成双糖、多糖和单糖；磷促进蔗糖在植株体内运输；磷又是三磷酸腺苷和二磷酸腺苷的组成成分。这说明磷对能量传递和储藏都起着重要作用。良好的磷素营养，对培育壮苗、促进根系生长，提高抗寒、抗旱能力都具有实际意义。在生长后期，磷对植株体内营养物质运输、转化及再分配、再利用有促进作用。磷由茎、叶转移到果穗中，参与籽粒中的淀粉合成，使籽粒积累养分顺利进行。

玉米缺磷，幼苗根系减弱，生长缓慢，叶色紫红；开花期缺磷，抽丝延迟，雌穗受精不完全，发育不良，粒行不整齐；后期缺磷，果穗成熟推迟。

（3）钾：钾对维持玉米植株的新陈代谢和其他功能的顺利进行起着重要作用，因为钾能促进胶体膨胀，使细胞质和细胞壁维持正常状态，由此保证玉米植株多种生命活动的进行。此外，钾还是某些酶系统的活化剂，在碳水化合物代谢中起着重要作用。总之，钾对玉米生长发育以及代谢活动的影响是多方面的，如对根系的发育，特别是须根形成、体内淀粉合成、糖分运输、抗倒伏、抗病虫害都起着重要作用。

玉米缺钾，生长缓慢，叶片黄绿色或黄色。首先是老叶边缘及叶尖干枯呈灼烧状是其突出的标志，缺钾严重时，生长停滞、节间缩短、植株矮小，果穗发育不正常，常出现秃顶；籽粒淀粉含量减低，粒重减轻，容易倒伏。

（4）硼：硼能促进花粉健全发育，有利于授粉、受精，结实饱满。硼还能调节与多酚氧化酶有关的氧化作用。

缺硼时，在玉米早期生长和后期开花阶段植株呈现矮小，生殖器官发育不良，易成空秆或败育，造成减产。缺硼植株新叶狭长，叶脉间出现透明条纹，稍后变白变干；缺硼严重时，生长点死亡。

（5）锌：锌是对玉米影响比较大的微量元素，锌的作用在于影响生长素的合成，并在光合作用和蛋白质合成过程中，起促进作用。

玉米缺锌时，因生长素不足而细胞壁不能伸长，玉米植株发育甚慢，节间变短，幼苗期和生长中期缺锌，新生叶片下半部现淡黄色、甚至白色；叶片成长后，叶脉之间出现淡黄色斑点或缺绿条纹，有时中脉与边缘之间出现白色或黄色组织条带或是坏死斑点，此时叶面都呈现透明白色，风吹易折；严重缺锌时，开始叶尖呈淡白色泽病斑，之后叶片突然变黑，几天后植株完全死亡。玉米中后期缺锌，使抽雄期与雌穗吐丝期相隔日期加大，不利于授粉。

（6）锰：玉米对锰较为敏感。锰与植物的光合作用关系密切，能提高叶绿素的氧化还原电位，促进碳水化合物的同化，并能促进叶绿素形成。锰对玉米的氮素营养也有影响。

玉米缺锰，其症状是顺着叶片长出黄色斑点和条纹，最后黄色斑点穿孔，表示这部分组织破坏而死亡。

（7）钼：钼是硝酸还原酶的组成成分。缺钼将减低硝酸还原酶的活性，妨碍氨基酸、蛋白质的合成，影响正常氮代谢。

玉米缺钼症状是植株幼嫩叶首先枯萎，随后沿其边缘枯死；有些老叶顶端枯死，继而叶边和叶脉之间发展枯斑甚至坏死。

（8）铜：铜是玉米植株内抗坏血酸氧化酶、多酚氧化酶的成分，因而能促进代谢活动；铜与光合作用也有关系；铜又存在于叶绿体的质体蓝素中，它是光合作用电子供求关系体系的一员。

玉米缺铜，叶片缺绿，叶顶干枯，叶片弯曲、失去膨胀压，叶片向外翻卷。严重缺铜时，正在生长的新叶死亡。因铜能与有机质形成稳定性强的螯合物，所以高肥力地块易缺有效铜。

3. 玉米各生育期对三要素的需求规律　玉米苗期外界温度较低，生长缓慢，需营养量较少，以壮根、蹲苗为主；拔节至抽雄期，生长旺盛，穗分化发育加速，直到抽雄开花达到高峰，是玉米一生中养分需求量最多的时期，必须供应充足养分，达到穗大粒重；生育后期，籽粒灌浆期较长，仍须供应一定数量的养分，避免早衰，确保正常灌浆。春玉米需肥可分为两个关键时期，一是拔节至孕穗期，二是抽雄至开花期。玉米对肥料三要素的吸收如下：

（1）氮素的吸收：春玉米苗期到拔节期吸收的氮占总氮量的 9.24%，日吸量 0.22%；拔节期到授粉期吸收的氮占总氮量的 64.85%，日吸收量 2.03%；授粉至成熟期，吸收的氮占总氮量的 25.91%，日吸收量 0.72%。

（2）磷素的吸收：春玉米苗期至拔节期吸收的磷占总磷量的 4.3%，日吸收量 0.1%，这期间吸收磷虽少，但相对含量高，是玉米需磷的敏感期；拔节期至授粉期吸收磷占总磷量的 48.83%，日吸收量 1.53%；授粉至成熟期，吸收磷占总磷量的 46.87%，日吸收量 1.3%。

（3）钾素的吸收：春玉米苗期钾吸收积累速度慢、数量少，拔节前钾的累积量仅占总钾量的 10.97%，日累积量 0.26%；拔节后吸收量急剧上升，拔节到授粉期累积量占总钾量的 85.1%，日累积量达 2.66%。

（二）高产栽培配套技术

1. 品种选择与处理 选用优质高产抗病耐密的品种，比如大丰 26、先玉 335、郑单 958 等。种子在播前进行包衣处理，以控制苗期玉米蚜、蛴螬及粗缩病的危害。

2. 秸秆覆盖还田 秋季玉米收获后，要及时进行秸秆覆盖还田。且根据不同的区域气候条件，西部乡镇主要实施玉米整秆覆盖还田、秸秆粉碎还田；东部乡（镇）实施整秆沟埋，以提高土壤肥力，得到用地与养地相结合，培肥地力的目的。

3. 实行密植 在 4 月 25～5 月 5 日，在地温稳定 10°以上时，要趁墒完成播种，亩播量为 2.5～3 千克，采用大小行种植。一般大行距 80 厘米，小行距 50 厘米，株距 30～35 厘米，亩留苗 3 800～4 400 株。

4. 化学调控 抽雄期喷施玉米专用调控剂，缩短玉米上部节间，降株高、抗倒伏。

5. 病虫害综合防治 陵川县玉米生产中常见和多发的有害生物主要有玉米螟、大小斑病、丝黑穗病等，可以通过选用包衣种子、无公害杀虫剂和杀菌剂来防治，同时要注意采取倒茬、深耕等农业措施，可有效减少病虫害的发生。

6. 适时收获 在玉米完熟即乳线形成后收获。

（三）玉米施肥技术

1. 东中部石质山区分区 该区气候冷凉，土壤瘠薄，土层浅，种植品种以早中熟品种为主，产量低，玉米产量地膜覆盖地高产田约为 400～500 千克/亩，中低产田产量低于 400 千克/亩。

①农家肥：建议全部实行秸秆—地膜二元双覆盖，做到秸秆还田；不还田的地块玉米亩施农肥 2 000 千克左右。

②氮、磷、钾肥：根据陵川县耕地土壤养分含量分级表，参考施肥，磷、钾肥一次性底施，氮肥的 2/3 作底肥、1/3 作追肥。

2. 西部低山丘陵小型盆地区 该区气候温暖，土层较厚，地面平坦，玉米种植品种以中、晚熟品种为主。是陵川县的主要粮食产区，玉米平均亩产量达到 550 千克左右。

①农家肥。建议全部实行整秆覆盖或整秆沟埋，做到秸秆还田；不还田的地块玉米亩施有机肥 2 000 千克左右。

②氮、磷、钾肥。根据肥力等级施肥，磷、钾肥一次性底施，氮肥的 2/3 作底肥，1/3 作追肥，在大喇叭口至抽雄期施入。实行氮肥追施适当后移。

3. 不同地力等级氮、磷、钾肥施用量 不同地力等级氮、磷、钾肥施用量见表 6-3。

表 6-3 陵川县玉米测土配方施肥量参考表

目标产量（千克）	耕地地力等级	氮（N）			磷（P_2O_5）			钾（K_2O）		
		低	中	高	低	中	高	低	中	高
600	1～2	15～16	13～15	11～13	6.5～7.5	4.5～5.5	3～4	4～5	3～4	2
500	2～3	13～14	11～13	9～11	5.5～6.5	4～4.5	2～3	3～4	2～3	1

（续）

目标产量（千克）	耕地地力等级	氮（N）			磷（P_2O_5）			钾（K_2O）		
		低	中	高	低	中	高	低	中	高
400	3～4	11～13	9～11	8～10	4.5～5.5	3.5～4.0	0	0	0	0
350	3～4	9～11	8～10	7～8	4～4.5	3～4	0	0	0	0
300	3～4	8～10	6～8	6～7	3～4	2～3	0	0	0	0

4. 微肥用量的确定　当土壤中的有效锌含量小于 1.0 毫克/千克时，就需要施用锌肥。陵川县土壤 28.8%的耕地缺锌，玉米对锌非常敏感，经试验，施用锌肥有显著的增产效果，有的增产达到 20%以上，锌已成为明显的限制因素，故配方施肥一定要考虑锌肥的作用，否则氮磷的增产效果得不到很好的发挥。常用锌肥有硫酸锌和氯化锌，基肥亩用量 0.5～2.5 千克，拌种 4～5 克/千克，浸种浓度 0.02%～0.05%。如果复合肥中含有一定量的锌就不必单独施锌肥了。

第七章　耕地地力调查的应用研究

第一节　耕地资源合理配置研究

一、耕地数量平衡与人口发展配置研究

近年来，随着陵川县不断优化人口发展环境，有效地控制了人口总量的增长，由1997年总人口24.9万增加到目前25.5万，虽然呈现出人口总量保持了低速增长趋势，但是人口的增长趋势不容忽视。

陵川县属典型的山区县，耕地面积少，加上近年来，农业内部产业结构调整，退耕还林，山庄撂荒、公路、乡镇企业基础设施等非农建设占用耕地，导致耕地面积与人均占有耕地面积逐年呈现下降趋势，1997年耕地面积为48.91万亩，到目前为止耕地面积为45.60万亩；人均占有耕地面积1997年为1.97亩/人，到目前为1.79亩/人（见表7-1）。人地矛盾出现严重危机。人口配套耕地资源的多少，成为制约陵川县农业实现可持续发展的首要问题。从陵川县人民的生存和全县经济可持续发展的高度出发，采取措施，实现全县耕地总量动态平衡刻不容缓。陵川县不同年份耕地与人口关系见表7-1。

表7-1　陵川县不同年份耕地与人口关系

项目＼年份	1997	1998	1999	2000	2001	2002	2003	2004	2005	2006	2007	2008
耕地（万亩）	48.909	48.206	48.207	48.378	48.593	47.111	45.708	45.651	45.653	46.857	47.214	45.60
人口（万人）	24.90	25.00	25.00	25.20	25.10	25.10	25.20	25.20	25.30	25.50	25.60	25.50
人均耕地（亩）	1.97	1.94	1.92	1.92	1.94	1.88	1.82	1.82	1.80	1.89	1.85	1.79

实际上，全县扩大耕地总量仍有很大潜力，只要合理安排，科学规划，集约利用，就完全可以兼顾耕地与建设用地的要求，实现社会经济的全面、持续发展；从控制人口增长，村级内部改造和居民点调整，退宅还田，开发复垦土地后备资源和废弃地等方面着手增大耕地面积。

二、耕地地力与粮食生产能力分析

（一）耕地粮食生产能力

耕地生产能力是决定粮食产量的决定因素之一。近年来，由于种植结构调整、城镇建设、公路占地、退耕还林还草等因素的影响，粮食播种面积在不断减少，而人口在不断增加，对粮食的需求量也在增加。保证全县人民对粮食的需求，挖掘耕地生产潜力已成为农

业生产中的大事。

耕地的生产能力是由土壤本身肥力作用所决定的，其生产能力分为现实生产能力和潜在生产能力。

1. 现实生产能力　全县现有耕地面积为45.60万亩（包括已退耕还林及园林面积），而中低产田就有32.86万亩之多，占总耕地面积的72.07%，而且全部为旱地，必然造成全县现实生产能力偏低的现状。再加上农民对施肥，特别是有机肥的忽视，以及耕作管理措施的粗放等，都造成耕地现实生产能力不高的原因。以2008年为例，全县粮食播种面积为34.14万亩，粮食总产量为11.59万吨，亩产339千克；玉米播种面积26.6万亩，总产量为10.19万吨，亩产为382.8千克；小麦播种面积0.57万亩，总产量为0.125万吨，亩产为219.5千克；马铃薯播种面积2.84万亩，总产量为4.34万吨，亩产为1 529千克；谷子播种面积1.68万亩，总产量为0.34万吨，亩产为202千克；蔬菜播种面积0.6万亩，总产量为15.55万吨，亩产2 592千克。陵川县2008年粮食产量统计见表7-2。

表7-2　陵川县2008年粮食产量统计

粮食类别	播种面积（万亩）	总产量（万吨）	平均单产（千克）
粮食总产量	34.14	11.59	339.0
玉米	26.60	10.19	382.8
小麦	0.57	0.125	219.5
谷子	1.68	0.34	202.0
马铃薯	2.84	4.34	1 529.0
蔬菜	0.60	15.55	2 592.0

目前全县土壤有机质含量平均为24.05克/千克，全氮平均含量为1.38克/千克，有效磷含量平均为20.87毫克/千克，速效钾平均含量为181.39毫克/千克。

全县耕地总面积45.60万亩（包括退耕还林及园林面积），其中旱地43.37万亩，占总耕地面积的95.11%；水浇地2.23万亩，占总耕地面积的4.89%。中低产田30.80万亩，占总耕地面积的67.54%，无灌溉条件。

2. 潜在的耕地粮食生产能力　全县现有耕地中，一级、二级、三级地占总耕地面积的32.47%，其亩产484.5千克。经过对全县地力等级的评价得出，45.60万亩耕地以全部种植粮食作物计，其粮食最大生产能力为16.096万吨，平均单产可达353千克/亩，全县耕地仍有很大生产潜力可挖。

纵观全县近年来的粮食、油料作物、蔬菜的平均亩产量和全县农民对耕地的经营状况，全县耕地还有巨大的生产潜力可挖。如果在农业生产中加大有机肥的投入，或者加大还田力度，采取平衡施肥措施和科学合理的耕作技术，全县耕地的生产能力还可以提高。从近几年全县对玉米配方施肥观察点经济效益的对比来看，配方施肥区与常规施肥区比较增产率在5%～10%，甚至更高。如果能进一步提高农业投入比重，提高劳动者素质，下大力气加强农业基础建设，特别是农田水利建设，稳步提高耕地综合生产能力和产出能力，实现农林牧的结合就能增加农民经济收入。

（二）不同时期人口、食品构成、粮食需求分析预测

农业是国民经济的基础，粮食是关系国计民生和国家自立与安全的特殊产品。从新中国成立初期到现在，全县人口数量、食品构成和粮食需求都在发生着巨大变化。新中国成立初期居民食品构成主要以粮食为主，也有少量的肉类食品，水果、蔬菜的比重很小。随着社会进步，生产的发展，人民生活水平逐步提高。到 20 世纪 80 年代初，居民食品构成依然以粮食为主，但肉类、禽类、油料、水果、蔬菜等的比重均有了较大提高。据统计，21 世纪初期，中国肉、蛋、奶和水产品的人均产量分别在 50 千克、19 千克、11 千克和 35 千克水平，耗粮系数大致在 2.5、1.8、0.4 和 1.0 水平。国家食物与营养咨询委员会预计到 2010 年达到基本小康社会：居民人均年消费谷物 152 千克、豆类 13 千克、食用植物油 10 千克、蔬菜 149 千克、水果 40 千克、肉类 29 千克、奶类 18 千克、蛋类 15 千克、水产品 17 千克；人均占有粮食达到 391 千克，优质食物供给大幅度增加，食物结构供需不平衡的矛盾得到一定程度缓解。2009 年，全县人口为 25.6 万，居民食品构成中，粮食所占比重有明显下降，肉类、禽蛋、水产品、制品、油料、水果、蔬菜、食糖却都占有相当比重。

如果全县粮食人均需求按国际通用粮食安全 400 千克，人口自然增长率按 5‰计算，到 2015 年全县总人口将达到 26.4 万人，全县粮食需求总量预计将达 10.56 万吨。因此，人口的增加对粮食的需求产生了极大的影响，也造成了一定的危险。

全县粮食生产还存在着巨大的增长潜力。随着资本、技术、劳动投入、政策、制度等条件的逐步完善，全县粮食的产出与需求平衡，终将成为现实。

（三）粮食安全警戒线

陵川县由于气候复杂多样，自然灾害如早晚霜危害、雹灾、旱灾、涝灾、风灾等频频发生，农业基础设施投入不足，农业成灾面积、受灾面积、两者比重等指标在绝大多数年份居高不下，对陵川县粮食产量影响非常大。

2008 年全县的人均粮食占有量为 454.55 千克，虽然略高于当前国际公认的粮食安全警戒线标准为年人均 400 千克，但人口的增长，耕地面积的减少，是必然趋势，所以还需要采取多种措施来稳定耕地面积，加强耕地保养，培肥地力，挖掘潜在生产能力，提高作物单产，才能保障粮食安全。

三、耕地资源合理配置意见

为确保粮食安全需要，对全县耕地资源进行如下配置：全县现有 45.60 万亩耕地中，其中 33.6 万亩用于种植粮食，以满足全县人口粮食需求，其余 12.0 万亩耕地用于油料、蔬菜、中药材、水果、桑园等生产，其中蔬菜地 2.0 万亩，占用耕地面积 4.39%；中药材占地 5.0 万亩，占用 10.96%；果园占地 2.5 万亩，占用 5.48%；桑园面积占地 2.5 万亩，占用 5.48%。

根据《土地管理法》和《基本农田保护条例》划定全县基本农田保护区，将水利条件、土壤肥力条件好，自然生态条件适宜的耕地划为口粮和国家商品粮生产基地，长期不

许占用。在耕地资源利用上，必须坚持基本农田总量平衡的原则。一是建立完善的基本农田保护制度，用法律保护耕地；二是明确各级政府在基本农田保护中的责任，严控占用保护区内耕地，严格控制城乡建设用地；三是实行基本农田损失补偿制度，实行谁占用、谁补偿的原则；四是建立监督检查制度，严厉打击无证经营和乱占耕地的单位和个人；五是建立基本农田保护基金，县政府每年投入一定资金用于基本农田建设，大力挖潜存量土地；六是合理调整用地结构，用市场经营利益导向调控耕地。

同时，在耕地资源配置上，要以粮食生产安全为前提，以粮食增产、农业增效、农民增收为主要目标，逐步提高耕地质量，调整种植业结构，推广优质农产品，应用优质高效，生态安全栽培技术，提高耕地利用率。

第二节　耕地地力建设与土壤改良利用对策

一、耕地地力现状及特点

耕地质量包括耕地地力和土壤环境质量两个方面，通过 3 年采集调查与评价土壤样品 5 500 个，基本查清了全县耕地地力现状与特点。

（一）耕地土壤养分含量不断提高

从这次调查结果看，全县耕地土壤有机质含量为 24.05 克/千克，属省二级水平，与第二次土壤普查的 22.9 克/千克相比提高了 1.15 克/千克，增长了 5.02%；全氮平均含量为 1.38 克/千克，属省二级水平，与第二次土壤普查的 1.07 克/千克相比提高了 0.31 克/千克；增长了 28.97%；有效磷平均含量 20.87 毫克/千克，属省二级水平，与第二次土壤普查的 6 毫克/千克相比提高了 14.87 毫克/千克，增长了 248%；速效钾平均含量为 181.39 毫克/千克，属省三级水平，与第二次土壤普查的平均含量 102 毫克/千克相比提高了 79.39 毫克/千克，增长了 77.8%。

（二）耕作历史悠久，土壤熟化度高

陵川县农业历史悠久，土质良好，中壤类型的土壤达到 83.5%，加上多年的耕作培肥，土壤熟化程度高。据调查，有效土层厚度平均为 94.9 厘米以上，耕层厚度平均为 18.3 厘米。

二、存在主要问题及原因分析

（一）中低产田面积较大

依据《山西省中低产田划分与改良技术规程》调查，全县共有中低产田面积 32.86 万亩，占总耕地面积的 72.07%，按主要障碍因素共分为坡地梯改型、瘠薄培肥型两大类型，其中坡地梯改型 4.94 万亩，占总耕地面积的 10.84%；瘠薄培肥型 27.91 万亩，占总耕地面积的 61.23%。

中低产田面积大，类型多。主要原因：一是自然条件差。全县地形复杂，山、川、沟、垣、壑俱全，水土流失严重；二是农田基本建设投入不足，中低产田改造措施不力。

三是农民耕地施肥投入少，尤其是有机肥施用量仍处于较低水平。

（二）耕地地力不足，耕地生产率低

全县耕地虽然经过一定的排、灌、路、村综合治理，农田生态环境不断得到改善，耕地单产、总产呈现上升趋势。但耕地地力后劲不足，耕地生产率低。究其原因主要有以下几个方面：一是农民对耕地重“用”轻“养”。近年来，农业生产资料价格一再上涨，农业成本较高，甚至出现种粮赔本现象，极大挫伤了农民种粮的积极性。一些农民仅通过增施化肥取得产量，致使土壤有机质含量稳而不增，土壤结构变差，造成土壤养分恶性循环。这种只种不养的做法，是部分地块土壤肥力下降的主要原因。二是农田基本建设落后，不适应农业发展的需要。虽然陵川县农田基本建设取得了一定的成绩，但是由于资金不足，缺少提高耕地地力的一些技术和设备，远远不能适应农业发展的需要。

（三）施肥结构不合理，施肥方法不科学

1. 施肥结构不合理，氮、磷、钾比例失调 目前，有些农民仍按传统的经验施肥，存在着严重的盲目性和随机性。长期的盲目施肥，造成了土壤少氮、缺磷、钾过剩的畸形量比，致使投肥量虽加大，产量却不增加，造成了严重的浪费。

2. 重复混肥轻专用肥 随着我国化肥市场的快速发展，复混（合）肥异军突起，其应用对土壤养分的变化也有影响，许多复混（合）肥杂而不专，农民对其依赖性较大，而对于土壤缺什么元素，自己施什么肥料，糊涂不清，导致盲目施肥。

3. 重化肥轻有机肥 多年以来，陵川县农民粮食生产主要靠重施化肥来提高产量，很少施有机肥料，造成大量土地板结。

4. 施肥方法不科学 注重底肥的施入，忽视追肥，会使作物生长后期出现脱肥现象。施肥深度过浅也是化肥利用率过低的一个重要原因，大多数农民在给作物追肥时仍采用人工撒施的办法，虽然省工省力，但极易造成化肥的挥发和流失。

5. 微量元素没有得到应有的重视 由于土壤中的微量元素长期得不到补充，其含量已不能满足作物的生长需要，根据“最小养分律学说”，即使氮、磷、钾的施入比例合理也会影响作物的产量。

三、耕地培肥与改良利用对策

（一）在提高土壤肥力上下工夫

1. 推广秸秆还田，提高土壤有机质 近年来，全县有机肥投入低的主要原因是农家肥来源不足。而目前解决这个问题的最有效途径是秸秆还田，这是增加陵川县土壤有机质的首要措施。秸秆还田技术因陵川县各区域气候条件不同而有所差别，在中东部冷凉地区推广实施秸秆沟埋技术，在西部温暖区域推广实施整秆覆盖或粉碎还田技术。在有养殖条件的地区，可通过过腹还田来提高土壤肥力。通过秸秆还田，大幅度增加土壤有机质含量，逐步提高耕地综合生产能力。

2. 合理轮作，挖掘土壤潜力 不同作物需求养分的种类和数量不同，根系深浅不同，吸收各层土壤养分的能力不同，各种作物遗留残体成分也有较大差异。因此，通过不同作

物合理轮作倒茬，保障土壤养分平衡。要大力推广粮—菜轮作，粮—油轮作，玉米—大豆立体间套作等技术模式，实现土壤养分协调利用。

（二）在化肥施用上讲“技巧”

1. 因肥料品种施肥　在施肥品种上要求农户以复合肥为主配合单质肥料，追肥以速效性单质氮肥碳铵或尿素为主。在缺锌土壤上要补施硫酸锌肥。

2. 因时期施肥　在施肥时期上要求农户在玉米播种前，如果缺磷地块要求底施磷肥可实行秋施肥，以便更好地利用磷肥的后效，提高磷肥的利用率；氮肥要一半或2/3底施，一半或1/3追肥，并且要尽量在玉米拔节期至大喇叭口期追施。补钾和锌地块都要求全部底施。改变陵川县的一炮轰或光追不施基肥现象，形成科学合理的施肥方式。

3. 因方法施肥　主要以集中施肥为主，采用沟施或穴施，磷肥可与有机肥一起施用。减少或杜绝撒施现象，以减少肥效的挥发与浪费。

4. 重视施用微肥　微量元素肥料，作物的需要量虽然很少，但对提高产品产量和品质、却有大量元素不可替代的作用。据调查，陵川县局部地区土壤中硼、锌、铁等含量均不高，近年来在蔬菜施用硼、锌、钙试验，玉米施锌试验，增产效果很明显。

（三）在中低产田改良上下决心

陵川县中低产田面积大，约占全县耕地面积的65%，这是直接影响耕地地力水平和生产能力的主要原因。作为各级政府，必须从实际出发，加大农田基本建设的投入力度，按照当前和长远相结合的原则，因地制宜，抓好中低产田改造，首先是抓好平田整地、修边垒堨、加厚耕作层，其次是以搞好以覆盖保墒为主的旱作农业建设，第三是水利设施建设。通过对中低产田改良，进一步提高耕地地力质量。

四、成果应用与典型事例

典型1——陵川县潞城镇义门村测土配方施与旱作节水技术配套应用

潞城镇义门村位于潞城镇西南4千米处，全村216户，815口人，耕地面积2 421亩。种植作物主要为玉米。从推广玉米整秆覆盖技术以来，每年覆盖面积都稳定在1 000亩，具有较好的覆盖还田史。但该村在生产管理上较为粗放，一味重视化肥、轻视农家肥，偏施氮肥。许多农民在种粮食时，几乎没有考虑土地的肥力，随便撒上一袋化肥了事。加上土壤耕层薄，施肥不科学，严重影响了农作物的良好生长。2009年，为了更好地推广测土配方施肥技术，在潞城镇义门村集中连片建设了50亩玉米测土配方施肥示范方，配套秸秆、地膜二元单覆盖的全封闭覆盖旱作节水模式，示范方平均亩产达到850千克，全村玉米平均亩产达到550千克，创历史新高，取得了良好的经济效益，起到了很好的辐射示范带动作用。主要做法和措施是：一是示范技术科学。为了搞好示范方，提高单产，在示范方内确定了秸秆地膜二元单覆盖的全封闭覆盖旱作节水模式，同时采用了测土配方施肥技术。据测定，该村示范区土壤有机质平均为21.7克/千克、碱解氮138毫克/千克、有效磷5.24毫克/千克、速效钾184毫克/千克，属于高氮低磷不缺钾，确定目标产量850千克/亩，据此推荐实施了N（23）—P_2O_5（18）—K_2O（10）的稳氮增磷补钾施肥措施；并配套实施了四统一：统一品种，全部为屯玉 49 号；统一密度，每亩为 4 500 株；统一科学施肥，每亩基施 N（13）—P_2O_5（18）—K_2O（14）复合肥 50 千克，磷二铵 10 千克，在大喇叭口期追施 25 千克尿素；统一种植模式，全部采用秸秆、地膜二元单覆盖旱作节水保墒模式。二是技术指导到位。为保障示范方的顺利实施，陵川县农委技术人员组成技术指导组，于 2010 年初制定了玉米测土配方施肥示范方技术方案，并将测土信息实行上墙公示，公示内容包括测定地块养分含量、养分水平评价、推荐配方等内容，为农户科学施肥提供依据，并在农闲时间开展测土配方技术培训，解读上墙内容。农忙时进行实地农事指导，全年共开展培训 3 期，发放技术资料千余份，培训农民 200 余人，有效地帮助农民解决了有关技术问题。三是示范效果明显。为展示示范效果，为观摩学习、大面积推广树立样板，在义门村李松贵的地块设立了示范效果对比观察点 1 个，面积 2 亩，其中测土配方施肥技术二元单覆盖 1 亩，常规施肥 1 亩，对作物生长状况、主要农事活动、生产成本、水资源利用效率、肥料利用率等技术参数进行观察和记载，并按照《测土配方施肥技术规范》的要求进行效果评价和总结。秋后测产：配方地块亩产 868 千克，亩纯收入1 262.4元；常规施肥地亩产 632 千克，亩纯收入 907.6 元，配方施肥较常规施肥亩增纯收入 354.8 元，示范效果明显。用该农户的话就是“旱作节水搞覆盖，测土配方夺高产”。

典型 2——陵川县平城镇义汉村二元覆盖配套技术应用

平城镇义汉村位于陵川县平城镇东北 2 千米处，全村 350 户，1 440 人，耕地面积 2 380亩，其中玉米面积 1 950 亩，占总耕地面积的 82%。该村是陵川县玉米整秆地膜二元覆盖发源地之一，也是二元覆盖率最高的村之一，二元覆盖技术的普及，为全村玉米丰产打下了坚实的基础。2009 年该村亩产玉米 680 千克，总产 132.6 万千克，亩产值 1 156 元，总产值 225.42 万元，亩纯收入 856 元，总纯收入 116.92 万元，是全县玉米生产的高产稳产典型。主要做法：一是认识到位，基础扎实。二元覆盖技术在陵川县一些地方推不开的原因，主要是老百姓对覆盖技术的重要性和必要性认识不够，嫌误工，怕麻烦。而义汉村的老百姓，早在 20 世纪 90 年代初，省谷子研究所在陵川县搞生物覆盖试验示范点时，就开始认识该项技术。对覆盖还田提高地力、蓄水保墒的功效早已认可。十几年来，该村推广覆盖还田面积一直稳定在千亩左右。农技人员多次在该村进行覆盖与对照（不覆盖）相比，二元覆盖地力明显提高，覆盖田土质松软，抗旱保肥，产量明显高于普通大田，在旱情发生时保墒效果非常明显。据墒情测试，在耕层 0～20 厘米，二元覆盖含水量为 17.0%，比不覆盖含水量 13.9%，增 3.1%。二是领导重视，政策扶持。该村领导立足本村实际，组织动员群众及早安排种植计划，县乡级技术员深入田间地头进行宣传指导，督促检查农资供应，凡二元覆盖的农户，不仅每亩发放 30 元的投工补助，而且在机耕、优种、肥料、植保等方面实行优先，一次供应到位。三是强化培训，技术配套。该村村委把强化技术培训、作为农业增产的一项重要措施，组织农民通过电脑、电视、VCD 等视听信息设备，进行室内培训和现场学习，并通过“科技下乡”、报纸、黑板报、闭路电视等宣传指导开展新品种、新技术学习活动。县农委还专门安排技术干部配合镇农科员长期蹲点，负责技术指导工作，协调解决技术难题，各项配套技术措施的应用，为该村玉米丰产提供了保障。

第三节　农业结构调整与适宜性种植

近些年来，全县农业的发展和产业结构调整工作取得了突出的成绩，但干旱胁迫严重，抗灾能力薄弱，生产结构不良等问题，仍然十分严重，因此为适应 21 世纪我国农业发展的需要，增强陵川县优势农产品参与国际市场竞争的能力，有必要进一步对全县的农业结构现状进行战略性调整，从而促进全县高效农业的发展，实现农民增收。

一、农业结构调整的原则

一是以国际农产品市场接轨，以增强全县农产品在国际、国内经济贸易的竞争力为原则。

二是以充分利用不同区域的生产条件、基础设施以及经济基础条件，达到趋利避害，发挥优势的调整原则。

三是以充分利用耕地评价成果，正确处理作物与土壤间、作物与作物间的合理调整为原则。

四是优化耕地资源管理信息系统，实现区域性调整决策的原则。

五是保持行政村界线的基本完整的原则。

二、农业结构调整的依据

根据此次耕地质量的评价结果，安排全县的种植业内部结构调整，应依据不同地貌类型耕地综合生产能力和土壤环境质量两方面的综合考虑，具体为：

一是按照不同地貌类型，因地制宜规划，在布局上做到宜农则农，宜林则林，宜牧则牧。

二是按照耕地地力评价出 1～5 个等级标准，在各个地貌单元中所代表面积的数值衡量，以适宜作物发挥最大生产潜力来分布，做到高产高效作物分布在 1～3 级耕地为宜，中低产田应在改良中调整。

三是按照土壤环境的污染状况，在面源污染、点源污染等影响土壤健康的障碍因素中，以污染物质及污染程度确定，做到该退则退，该治理的采取消除污染源及土壤降解措施，达到无公害绿色产品的种植要求，来考虑作物种类的布局。

三、土壤适宜性及主要限制因素分析

土壤质地系指粗细土粒的配合比例，它在很大程度上支配和决定着土壤的农业生产性状。例如土壤的通气、透水、保水、保肥、供水、供肥以及耕作性能等。本县土壤质地，主要决定于成土母质及土壤发育的程度。总的来看，陵川县的土壤 83.49%为中壤。中壤分布面积大，范围广，包括的土壤类型多。主要生产性能是：沙黏比例适中，通气透水性能良好，保水保肥能力强，宜耕期较长，适宜种植作物广，是农业生产较为理想的土壤质地。在改良措施上，应主要抓好地力的培肥和水土保持工作，因地制宜挖掘其最大潜力。其次 16.45％为重壤。主要生产性能是：质地黏重，土体紧实，通气透水性能较差，宜耕期短或者难耕作。土温低而慢，昼夜温差小，不发小苗，但后期生长旺盛。今后要重点抓好翻沙压黏，客土改良，增施炉灰肥料和热性肥料，追肥要适当早施，以满足作物整个生育期间对养分的需求，促进生长发育。

因此，综合以上土壤特性，全县土壤适宜性较强，玉米、小麦、谷子、马铃薯等粮食作物及经济作物，如蔬菜、药材、苹果等都适宜全县种植。

但种植业的布局除了受土壤质地作用外，还要受到地理位置、水分条件等自然因素和经济条件的限制。因此在种植业的布局中，必须充分考虑到各地的自然条件、经济条件，合理利用自然资源，对布局中遇到的各种限制因素，应考虑到它影响的范围和改造的可行性，合理布局生产，最大限度地、持久地发掘自然的生产潜力，做到地尽其力。

四、种植业布局分区建议

根据陵川县自然、经济的条件和主要农作物的生态适应性，将全县划分为 3 个种植区。分区概述：

（一）土石丘陵平川区粮、菜、果、桑优势种植区

本区以原庄岭、黄砂山、龙王山、桥顶山、十字岭、大槲树、徐社为东界，包括秦家庄乡、杨村镇、礼义镇以及附城镇、西河底镇、崇文镇一部分，面积约 436.14 千米^2，占全县总面积的 24.8％；其中耕地面积 19.13 万亩，占总耕地面积 41.96％。海拔最高 1 296米，最低 890 米，无霜期 140～165 天。

1. 区域特点 本区多呈低山丘陵，由于冲刷和风蚀作用，以黄土原、梁、岭、坪、柱、墙为特色，耕地多呈现为丘陵坡地、平川地、沟坝地，水土流失较为严重。因该区域气候资源较好，热资源丰富，所以又是本县地肥、水足、路平、煤香、五谷丰登最富饶的地方。区内土壤以褐土性土、红黏土及典型褐土 3 个亚类为主，是陵川县主要的粮、菜、果、桑优势种植区。

区内土壤养分有机质平均值为 23.22 克/千克，属省二级水平；全氮 1.30 克/千克，属省二级水平；有效磷含量平均值为 21.30 克/千克，属省二级水平；速效钾含量平均值为 169.19 毫克/千克，属省三级水平；缓效钾含量平均值为 759.11 毫克/千克，属省三级水平；有效铜含量平均值为 1.42 毫克/千克，属省三级水平；有效锰含量平均值为 10.39 毫克/千克，属省四级水平；有效锌含量平均值为 1.08 毫克/千克，属省三级水平；有效铁含量平均值为 7.80 毫克/千克，属省四级水平；有效硼含量平均值为 0.40 毫克/千克，属省五级水平；有效硫含量平均值为 33.46 毫克/千克，属省四级水平；pH 平均 8.25，有效土层厚度平均为 102.63 厘米，耕层厚度平均为 19.58 厘米。

2. 种植业发展方向 本区以建设粮、菜、果、桑四大基地为主攻方向。大力发展两年三作高产高效粮田，在建设高淀粉玉米田的同时，扩大无公害蔬菜种植面积和果、桑种

植面积。在现有基础上，优化结构，建立无公害生产基地。

3. 主要保障

（1）加大土壤培肥力度，重点推广整秆沟埋、整秆覆盖以及秸秆粉碎还田，以增加土壤有机质，改良土壤理化性状。

（2）高度重视作物合理轮作、间作套种技术应用。

（3）千方百计增施有机肥，搞好测土配方施肥，增加微肥的施用。

（4）全力搞好基地建设，重点加强中低产田改造力度。通过标准化建设、模式化管理、无害化生产技术应用，使农民取得明显的经济效益和社会效益。

（5）通过加强旱井、蓄水池、水库管理和使用力度，以及积极探索水资源综合利用技术，如推广“W”膜盖技术、少耕穴灌技术等，来加大蔬菜、水果经济作物种植。

（二）土石山区粮、菜、薯种植区

本区以原庄岭、黄砂山、龙王山、桥顶山、十字岭、大槲树、新庄、徐社为西界，包括平城镇、潞城镇以及崇文镇大部分、六泉、附城、西河底、夺火的部分村，面积约为459.24千米^2，占全县总面积的26.1%；其中耕地面积18.89万亩，占总耕地面积41.43%。

1. 区域特点　本区域境内山体陡斜，岭梁连绵，沟谷纵横，土少石多，海拔最高达1 476.2米，最低为762米。相对高差714.2米。无霜期100～120天，在东大河中下游的河、沟谷地区可达160～180天。区内土壤以褐土性土和红黏土两个亚类为主，也有少部分典型褐土和淋溶褐土，是陵川县粮、菜、薯种植区。

区内土壤养分有机质平均值为24.65克/千克，属省二级水平；全氮1.41克/千克，属省二级水平；有效磷含量平均值为19.47毫克/千克，属省三级水平；速效钾含量平均值为178.71毫克/千克，属省三级水平；缓效钾含量平均值为795.80毫克/千克，属省三级水平；有效铜含量平均值为1.43毫克/千克，属省三级水平；有效锰含量平均值为10.14毫克/千克，属省四级水平；有效锌含量平均值为1.27毫克/千克，属省三级水平；有效铁含量平均值为8.36毫克/千克，属省四级水平；有效硼含量平均值为0.39毫克/千克，属省五级水平；有效硫含量平均值为40.95毫克/千克，属省四级水平；pH平均为8.15，有效土层厚度平均为95.14厘米，耕层厚度平均为18.12厘米。

2. 种植业发展方向　本区以粮、菜、薯种植业为主。重点在以崇文镇小召、尧庄、红马背、安阳、仕图苑为中心的区域发展无公害旱地结球甘蓝种植；在以潞城镇潞城、义门、白栈掌为中心的区域发展保护地无公害蔬菜种植；在以平城镇东部、六泉乡的冶头、潞城镇的侯庄为中心区域内发展无公害马铃薯种植。

3. 主要保证措施

（1）良种良法配套，增加产出，提高品质，增加效益。

（2）积极推广整秆沟埋、二元双覆盖技术，有效提高土壤有机质含量。

（3）进一步抓好平田整地，整修梯田，建好“三保田”。

（4）加强技术培训，提高农民素质。

（5）综合利用煤矿废水，积极推广旱作节水技术，千方百计扩大蔬菜种植面积。

（三）石质山区粮、薯、药材种植区

本区以板山、佛山、棋子岭、郑家岭、槐树岭，夺火岭为西界，包括古郊乡、马圪当乡以及六泉乡、夺火乡部分村，面积 864.62 千米^2，约占全县总面积的 49.1%；其中耕地面积 7.57 万亩，占总耕地面积 16.61%。

1. 区域特点 境内山体陡峻，山峰林立，壁峭崖悬，谷窄沟深，地势险要，地形复杂。海拔高低悬殊，气候差异大，最高峰在六泉乡的板山，海拔 1 791.7 米，最低点是马圪当乡甘河破屋，海拔仅有 628 米。相对高差达 1 163.7 米。无霜期 110～180 天。区内土壤以褐土性土和淋溶褐土两个亚类为主，其次还有少部分红黏土、潮土和粗骨土。是陵川县粮、薯、药材种植区。

区内土壤养分有机质平均值为 24.51 克/千克，属省二级水平；全氮 1.50 克/千克，属省一级水平；有效磷含量平均值为 22.76 毫克/千克，属省二级水平；速效钾含量平均值为 210.30 毫克/千克，属省二级水平；缓效钾含量平均值为 854.32 毫克/千克，属省三级水平；有效铜含量平均值为 1.56 毫克/千克，属省二级水平；有效锰含量平均值为 12.47 毫克/千克，属省四级水平；有效锌含量平均值为 1.75 毫克/千克，属省二级水平；有效铁含量平均值为 14.27 毫克/千克，属省三级水平；有效硼含量平均值为 0.40 毫克/千克，属省五级水平；有效硫含量平均值为 36.55 毫克/千克，属省四级水平；pH 平均为 8.30，有效土层厚度平均为 79.66 厘米，耕层厚度平均为 16.03 厘米。

2. 种植业发展方向 本区以粮、薯、药材种植为主。在武家湾河谷下游的马圪当乡古石一带宽谷仍然以一年两熟的小麦—玉米种植为主；在土壤较厚的川地、沟谷、坡地以一年一熟的玉米、马铃薯为主；在土层薄的地块发展中药材。要合理规划，宜林则林，宜牧则牧，宜粮则粮，充分利用资源，提高农民收入。

3. 主要保障措施

（1）减少水土流失，优化生态环境，注重推广蓄雨纳墒技术。

（2）进一步抓好平田整地，整修梯田，修边垒堛，建好“三保田”。

（3）积极推广旱作技术和高产综合技术，提高科技含量。

（4）在沟谷河滩地要做好排灌措施。

五、农业远景发展规划

陵川县农业的发展，应进一步调整和优化农业结构，全面提高农产品品质和经济效益，建立和完善全县耕地质量管理信息系统，随时服务布局调整，从而有力促进全县农村经济的快速发展。现根据各地的自然生态条件、社会经济技术条件，特提出“十二五”发展规划如下：

一是全县粮食占有耕地 33.6 万亩，集中建立 20 万亩无公害优质玉米、3 万亩无公害谷子基地、10 万亩无公害马铃薯生产基地。

二是建立无公害蔬菜生产基地 2 万亩。

三是建立中药材生产基地 5 万亩。

四是建立无公害高标准果园 2.5 万亩。

五是建立高标准桑园2.5万亩。

综上所述，面临的任务是艰巨的，困难也是很大的，所以要下大力气克服困难，努力实现既定目标。

第四节　耕地质量管理对策

耕地地力调查与质量评价成果为全县耕地质量管理提供了依据，耕地质量管理决策的制定，成为全县农业可持续发展的核心内容。

一、建立依法管理体制

（一）工作思路

以发展优质高效、生态、安全农业为目标，以耕地质量动态监测管理为核心，以土壤地力改良利用为重点，通过农业种植业结构调查，合理配置现有农业用地，逐步提高耕地地力水平，满足人民日益增长的农产品需求。

（二）建立完善行政管理机制

（1）制定总体规划：坚持"因地制宜、统筹兼顾，局部调整、挖掘潜力"的原则，制定全县耕地地力建设与土壤改良利用总体规划，实行耕地用养结合，划定中低产田改良利用范围和重点，分区制定改良措施，严格统一组织实施。

（2）建立以法保障体系：制定并颁布《陵川县耕地质量管理办法》，设立专门监测管理机构，县、乡、村三级设定专人监督指导，分区布点，建立监控档案，依法检查污染区域项目治理工作，确保工作高效到位。

（3）加大资金投入：县政府要加大资金支持，县财政每年从农发资金中列支专项资金，用于全县中低产田改造，建立财政支持下的耕地质量信息网络，推进工作有效开展。

（三）强化耕地质量技术实施

（1）提高土壤肥力：组织县、乡农业技术人员实地指导，组织农户合理轮作，平衡施肥，安全施药、施肥，推广秸秆还田、种植绿肥、施用生物菌肥，多种途径提高土壤肥力，降低土壤污染，提高土壤质量。

（2）改良中低产田：实行分区改良，重点突破。丘陵、山区中低产区要广辟肥源，深耕保墒，轮作倒茬，粮草间作，修整梯田，达到增产增效目标。

（3）积极发展灌溉：在水位较浅的山丘平川地要积极发展水浇地，扩大旱地的灌溉面，提高单位面积的经济效益。

二、农业惠农政策与耕地质量管理

目前，党的各项强农惠农政策的出台极大调动了农民粮食生产积极性，成为耕地质量恢复与提高的内在动力，对全县耕地质量的提高具有以下几个作用。

1. 加大耕地投入，提高土壤肥力　全县山丘坡耕地面积大，中低产田分布区域广，粮食生产能力较低。强农惠农政策的落实有利于提高单位面积耕地养分投入水平，逐步改善土壤养分含量，改善土壤理化性状，提高土壤肥力，保障粮食产量恢复性增长。

2. 改进农业耕作技术，提高土壤生产性能 农民积极性的调动，成为耕地质量提高的内在动力，将促进农民平田整地，耙耱保墒，加强耕地机械化管理，缩减中低产田面积，提高耕地地力等级水平。

3. 采用先进农业技术，增加农业比较效益 采取有机旱作农业技术，合理优化适栽技术，加强田间管理，节本增效，提高农业比较效益。

三、扩大无公害农产品生产规模

根据全县耕地地力调查与质量评价结果，充分发挥区域比较优势，合理布局，规模调整。一是粮食生产上，在全县发展20万亩无公害优质玉米，10万亩无公害马铃薯，3万亩无公害谷子；二是在蔬菜生产上，发展无公害蔬菜2万亩，其中重点建设1 000亩设施蔬菜；三是在果桑生产上，发展无公害水果2.5万亩，发展高标准桑园2.5万亩；四是在中药材生产上，发展中药材5万亩。为达到上述目标要求，采取以下管理措施：

1. 建立组织保障体系 设立陵川县无公害农产品生产领导组，下设办公室，地点在县农业委员会。组织实施项目列入县政府工作计划，单列工作经费，由县财政负责执行。

2. 加强质量检测体系建设 成立县级无公害农产品质量检验技术领导组，县、乡下设两级监测检验的网点，配备设备及人员，制定工作流程，强化监测检验手段，提高检测检验质量，及时指导生产基地技术推广工作。

3. 制定技术规程 组织技术人员建立全县无公害农产品生产技术操作规程，重点抓好平衡施肥，合理施用农药，细化技术环节，实现标准化生产。

4. 打造绿色品牌 重点实施好无公害玉米、谷子、马铃薯、蔬菜、中药材等生产。

四、加强农业综合技术培训

在这次耕地地力调查与质量分析评价的基础上，陵川县农委要充分发挥县、乡、村三级技术网络的作用，认真抓好以下几方面的技术培训：一是宣传加强农业结构调整与耕地资源有效利用的目的及意义；二是全县中低产田改造和土壤改良相关技术推广；三是耕地地力环境质量建设与配套技术推广；四是绿色无公害农产品生产技术操作规程；五是农药、化肥安全施用技术培训；六是农业法律、法规、环境保护相关法律的宣传培训。

通过技术培训，使全县农民掌握必要的知识与生产实用技术，推动耕地地力建设，提高农业生态环境、耕地质量环境的保护意识，发挥主观能动性，不断提高全县耕地地力水平，以满足日益增长的人口和物资生活需求，为全面建设小康社会打好农业发展基础平台。

第五节 耕地资源管理信息系统的应用

耕地资源信息系统以一个县行政区域内耕地资源为管理对象，应用GIS技术，对辖区内的地形、地貌、土壤、土地利用、农田水利、土壤污染、农业生产基本情况、基本农田保护区等资料进行统一管理，构建耕地资源基础信息系统，并将其数据平台与各类管理模型结合，对辖区内的耕地资源进行系统的动态管理，为农业决策、农民和农业技术人员提供耕地质量动态变化规律、土壤适宜性、施肥咨询、作物营养诊断等多方位的信息服务。

本系统行政单元为村，农业单元为基本农田保护块，土壤单元为土种，系统基本管理单元为土壤、基本农田保护块、土地利用现状叠加所形成的评价单元。

一、领导决策依据

这次耕地地力调查与质量评价直接涉及耕地自然要素、环境要素、社会要素及经济要素四个方面，为耕地资源信息系统的建立与应用提供了依据。通过全县生产潜力评价、适宜性评价、土壤养分评价、科学施肥、经济性评价、地力评价及产量预测，及时指导农业生产的发展，为农业技术推广应用作好信息发布，为用户需求分析及信息反馈打好基础。主要依据：一是全县耕地地力水平和生产潜力评估为农业远期规划和全面建设小康社会提供了保障；二是耕地质量综合评价，为领导提供了耕地保护和污染修复的基本思路，为建立和完善耕地质量检测网络提供了方向；三是耕地土壤适宜性及主要限制因素分析为全县农业调整提供了依据。

二、动态资料更新

这次全县耕地地力调查与质量评价中，耕地土壤生产性能主要包括地形部位、土体构型较稳定的物理性状、易变化的化学性状、农田基础建设 5 个方面。耕地地力评价标准体系与 1984 年土壤普查技术标准出现部分变化，耕地要素中基础数据有大量变化，为动态资料更新提供了新要求。

（一）耕地地力动态资源内容更新

1. 评价技术体系有较大变化　这次调查与评价主要运用了“3S”评价技术。在技术方法上，采用文字评述法、专家经验法、模糊综合评价法、层次分析法、指数和法；在技术流程上，应用了叠置法确定评价单元，空间数据与属性数据相连接，采用特尔菲法和模糊综合评价法，确定评价指标，应用层次分析法确定各评价因子的组合权重，用数据标准化计算各评价因子的隶属函数并将数值进行标准化，应用了累加法计算每个评价单元的耕地地力综合评价指数，分析综合地力指数，分布划分地力等级，将评价的地方等级归入农业部地力等级体系，采取 GIS、GPS 系统编绘各种养分图和地力等级图等图件。

2. 评价内容有较大变化　除原有地形部位、土体构型等基础耕地地力要素相对稳定以外，土壤物理性状、易变化的化学性状、农田基础建设等要素变化较大，尤其是土壤容重、有机质、pH、有效磷、速效钾指数变化明显。

（二）动态资料更新措施

结合这次耕地地力调查与质量评价，全县及时成立技术指导组，确定专门技术人员，从土样采集、化验分析、数据资料整理编辑，计算机网络连接畅通，保证了动态资料更新及时、准确，提高了工作效率和质量。

三、耕地资源合理配置

（一）目的意义

多年来，全县耕地资源盲目利用，低效开发，重复建设情况十分严重，随着农业经济发展方向的不断延伸，农业结构调整缺乏借鉴技术和理论依据。这次耕地地力调查与质量评价成果对指导全县耕地资源合理配置，逐步优化耕地利用质量水平，对提高土地生产性能和产量水平具有现实意义。

全县耕地资源合理配置思路是：以确保粮食安全为前提，以耕地地力质量评价成果为依据，以统筹协调发展为目标，用养结合，因地制宜，内部挖潜，发挥耕地最大生产效益。

（二）主要措施

1. 加强组织管理，建立健全工作机制 县级要组建耕地资源合理配置协调管理工作体系，由农业、土地、环保、水利、林业等职能部门分工负责，密切配合，协同作战。技术部门要抓好技术方案制定和技术宣传培训工作。

2. 加强耕地保养利用，提高耕地地力 依照耕地地力等级划分标准，划定全县耕地地力分布界限，推广平衡施肥技术，加强农田水利基础设施建设，平田整地，淤地打坝，中低产田改良，植树造林，扩大植被覆盖面，防止水土流失，提高梯（园）田化水平。采用机械耕作，加深耕层，熟化土壤，改善土壤理化性状，提高土壤保水保肥能力。划区制定技术改良方案，将全县耕地地力水平分级划分到村、到户，建立耕地改良档案，定期定人检查验收。

3. 重视粮食生产安全，加强耕地利用和保护管理 根据全县农业发展远景规划目标，要十分重视耕地利用保护与粮食生产之间的关系。人口不断增长，耕地逐年减少，要解决好建设与吃饭的关系，合理利用耕地资源，实现耕地总面积动态平衡，解决人口增长与耕地矛盾，实现农业经济和社会可持续发展。

总之，耕地资源配置，主要是各土地利用类型在空间上的整体布局；另一层含义是指同一土地利用类型在某一地域中是分散配置还是集中配置。耕地资源空间分布结构折射出其地域特征，而合理的空间分布结构可在一定程度上反映自然生态和社会经济系统间的协调程度。耕地的配置方式，对耕地产出效益的影响截然不同，经过合理配置，农村耕地相对规模集中，既利于农业管理，又利于减少投工投资，耕地的利用率将有较大提高。

具体措施：一是严格执行《基本农田保护条例》，增加土地投入，大力改造中低产田，使农田数量与质量稳步提高；二是加大搞好荒山、荒坡、荒地、河道、滩涂等地的有效开发，增加可利用耕地面积；三是加大小流域综合治理，在搞好耕地整治规划的同时，治山治坡、改土造田、基本农田建设与农业综合开发结合进行；四是要严控企业占地，严控农村宅基地占用一级、二级耕田；五是加大废旧砖窑和农村废弃宅基地的返田改造，盘活耕地存量调整，“开源”与“节流”并举，加快耕地使用制度改革。实行耕地使用证发放制度，促进耕地资源的有效利用。

四、土、肥、水、热资源管理

(一) 基本状况

全县耕地自然资源包括土、肥、水、热资源。它是在一定的自然和农业经济条件下逐渐形成的，其利用及变化均受到自然、社会、经济、技术条件的影响和制约。自然条件是耕地利用的基本要素。热量与降水是气候条件最活跃的因素，对耕地资源影响较为深刻，不仅影响耕地资源类型形成，更重要的是直接影响耕地的开发程度、利用方式、作物种植、耕作制度等方面。土壤肥力则是耕地地力与质量水平基础的反映。

1. 光热资源 陵川县属暖温带半湿润大陆性季风气候区，地理条件特殊，小气候多样。一般春季冷暖多变、干旱多风；夏季多雨，雨量分配不均；秋季温和，阴雨稍多；冬季寒冷干燥，雨雪稀少。年平均气温 8.3℃，1 月份最冷，平均气温－5.6℃，极端最低气温－21.4℃；7 月份最热，平均气温为 20.7℃，极端最高气温为 34.4℃。>0℃积温为3 369.2℃，>10℃积温为 2 755.1℃。年平均日照时数为 2 612.5 小时，无霜期平均为 159 天。

2. 降水量与水文资源 全县年均降水量 606.5 毫米，历年各月降水量以 7 月份最多，平均为 157.4 毫米，1 月份最少，平均为 5.9 毫米。全年降水夏季最多达 289.7 毫米，占全年降水的 47.8%；秋季次之，为 230.2 毫米，占全年降水的 38.0%；春季 55.7 毫米，占 9.2%；冬季最少 30.9 毫米，占 5.1%。降水季节变化明显。全县降水由东向西，由南到北逐渐减少。

全县有水资源 62 872.62 万米^3，年可利用量约为 16 800 米^3，是山西省水资源较丰富的地区。其中地表水年径流量 12 592.62 万米^3，目前中小型水库年可蓄水 2 000 多万米^3。地下水资源总量为 50 280 万米^3，遍布全县。地下水大部分水位深达 30～40 米，其地质坚硬，开发和利用困难。但在廖东河、原平河的下游水位较高，仅有 8～25 米，同时水质良好，极易发展井田灌溉。在武家湾河上游的古郊一带，廖东河上游的崇文镇附近，开发和利用较为容易。

3. 土壤肥力水平 全县耕地地力平均水平较低，中低产田面积 328 591 亩，占总耕地面积的 72.06%，主要包括坡地梯改型、瘠薄培肥型两个类型。全县耕地土壤类型有褐土、红黏土、粗骨土、潮土四大类，其中褐土分布面积最广，占 92.01%；红黏土占 7.35%；粗骨土占 0.59%；潮土占 0.06%。全县土壤质地主要分为轻壤、中壤、重壤 3 级，其中中壤占 83.49%，重壤占 16.45%，沙壤占 0.06%。土壤 pH 含量变化为 6.25～9.34，平均值为 8.22。

(二) 管理措施

在全县建立土壤、肥力、水热资源数据库，依照不同区域土、肥、水热状况，分类分区划定区域，设立监控点位、定人、定期填写检测结果，编制档案资料，形成有连续性的综合数据资料，有利于指导全县耕地地力恢复性建设。

五、科学施肥体系与灌溉制度的建立

（一）科学施肥体系建立

全县平衡施肥工作起步较早，最早始于20世纪70年代未定性的氮磷配合施肥，80年代初为半定量的初级配方施肥。90年代以来，有步骤定期开展土壤肥力测定，逐步建立了适合全县不同作物、不同土壤类型的施肥模式。在施肥技术上，提倡“增施有机肥，稳施氮肥，增施磷，补施钾肥，配施微肥和生物菌肥”。

1. 调整施肥思路 以节本增效为目标，立足抗旱栽培，着力提高肥料利用率，采取“减氮、增磷、补钾、配微”原则，坚持有机肥与无机肥相结合，合理调整养分比例，按耕地地力与作物类型分期供肥，科学施用。

2. 施肥方法

（1）因土施肥：不同土壤类型保肥、供肥性能不同，施肥方式不同。一般采取底施加追施的办法，尽量避免“一炮烘”的办法。

（2）因品种施肥：肥料品种不同，施肥方法也不同。对碳酸氢铵等易挥发性化肥，必须集中深施覆盖土，一般为10～20厘米，硝态氮肥易流失，宜作追肥，不宜大水漫灌；尿素为高浓度中性肥料，作底肥和叶面喷肥效果最好，在旱地做基肥集中条施。磷肥易被土壤固定，常作基肥和种肥，要集中沟施，且忌撒施土壤表面。

（3）因苗施肥：对基肥充足，生长旺盛的田块，要少量控制氮肥，少追或推迟追肥时期；对基肥不足，生长缓慢田块，要施足基肥，多追或早追氮肥；对后期生长旺盛的田块，要控氮补磷施钾。

3. 选定施用时期 因作物选定施肥时期。玉米追肥宜选在拔节期和大喇叭口期施肥，同时可采用叶面喷施锌肥；马铃薯追肥宜在齐苗至团棵期进行。

在作物喷肥时间上，要看天气施用，要选无风、晴朗天气，早上9点以前或下午4点以后喷施。

4. 选择适宜的肥料品种和合理的施用量施肥 在品种选择上，增施有机肥、高温堆沤积肥、生物菌肥；严格控制硝态氮肥施用，忌在忌氯作物（如马铃薯、番茄）上施用氯化钾，提倡施用硫酸钾肥，补施铁肥、锌肥、硼肥等微量元素化肥。在化肥用量上，要坚持无害化施用原则。如一般菜田，亩施腐熟农家肥3 000～5 000千克、尿素25～30千克、磷肥40千克、钾肥10～15千克，配施适量硼、锌等微量元素。

（二）灌溉制度的建立

全县地下水资源储藏量甚大，但由于地下水位低，取水难度大，在农业生产上很难得到利用。对土壤有影响的仅有马圪当乡古石村及附城镇的瑶泉—台南一带，地下水位较高。目前主要采取抗旱节水灌溉等措施。

旱地节水补灌模式：主要包括，一是旱地耕作制度模式，即深翻耕作，加厚耕作层，平田整地，提高园（梯）田化水平；二是保水（蓄水）纳墒技术模式，即地膜覆盖、秸秆覆盖、二元双覆盖蓄水保墒、“W”膜盖蓄水保墒、节水补灌等配套技术措施，提高旱地农田水分利用率。

（三）体制建设

在全县建立科学施肥与灌溉制度，农业技术部门要严格细化相关施肥技术方案，积极宣传和指导；水利部门要抓好基本农田水利设施建设，加大县城作物的灌溉能力；林业部门要加大荒坡、荒山植树造林、绿化环境，改善气候条件，提高年实际降水量；农业、环保部门要加强基本农田及水污染的综合治理，改善耕地环境质量和灌溉水质量。

六、信息发布与咨询

耕地地力与质量信息发布与咨询，直接关系到耕地地力水平的提高，关系到农业结构调整与农民增收目标的实现。

（一）体系建立

以陵川县农业技术部门为依托，在省、市农业技术部门的支持下，建立耕地地力与质量信息发布咨询服务体系，建立相关数据资料展览室，将全县土壤、土地利用、农田水利、土壤污染、基本田保护区等相关信息融入计算机网络之中，充分利用县、乡两级农业信息服务网络，对辖区内的耕地资源进行系统的动态管理，为农业生产和结构调整做好耕地质量动态变化、土壤适宜性、施肥咨询、作物营养诊断等多方位的信息服务。在乡村建立专门试验示范生产区，专业技术人员要做好协助指导管理，为农户提供技术、市场、物资供求信息，定期记录监测数据，实现规范化管理。

（二）信息发布与咨询服务

1. 农业信息发布与咨询　重点抓好玉米、马铃薯、谷子、小麦、蔬菜、水果、中药材等适栽品种供求动态、适栽管理技术、无公害农产品化肥和农药科学施用技术、农田环境质量技术标准的入户宣传、编制通俗易懂的文字、图片发放到每家每户。

2. 开辟空中课堂抓宣传　充分利用覆盖全县的电视传媒信号，定期做好专题资料宣传，并设立信息咨询服务电话热线，及时解答和解决农民提出的各种疑难问题。

3. 组建农业耕地环境质量服务组织　在全县乡村选拔科技骨干及科技副村长，统一组织耕地地力与质量建设技术培训，组成农业耕地地力与质量管理服务队，建立奖罚机制，鼓励他们建言献策，提供耕地地力与质量方面信息和技术思路，服务于全县农业发展。

4. 建立完善执法管理机构　成立由县土地、环保、农业等行政部门组成的综合行政执法决策机构，加强对全县农业环境的执法保护。开展农资市场打假，依法保护利用土地，监控企业污染，净化农业发展环境。同时配合宣传相关法律、法规，让群众家喻户晓，自觉接受社会监督。

第六节　陵川县马铃薯耕地适宜性分析报告

陵川县气候冷凉，适宜马铃薯生长，常年种植面积保持在5万亩左右。由于人们生活水平的不断提高，以及对马铃薯营养成分的高度认识，对马铃薯的需求呈上升趋势，因此，充分发挥区域优势，搞好无公害马铃薯生产，对提高马铃薯产业化水平，满足市场需求有重大意义。

一、马铃薯生产条件的适宜性分析

陵川县地处太行山南端的最高峰，属暖温带大陆性季风气候。境内由于海拔悬殊，地形复杂，导致气温差别较大。尤其是中东部地区气候冷凉，年降水量丰沛，土壤类型主要为山地褐土，有机质含量较高，土壤质地较轻，特别适宜马铃薯生长。

马铃薯产区主要集中在平城镇、崇文镇、六泉乡、潞城镇侯庄片，耕地地力现状：有机质含量平均值为 25.1 克/千克，属省一级水平；全氮含量平均值为 1.4 克/千克，属省二级水平；有效磷含量平均值为 20.4 毫克/千克，属省二级水平；速效钾含量平均值为 176.7 毫克/千克，属省三级水平；缓效钾含量平均值为 794.6 毫克/千克，属省三级水平；有效铜含量平均值为 1.4 毫克/千克，属省三级水平；有效锰含量平均值为 9.8 毫克/千克，属省四级水平；有效锌含量平均值为 1.4 毫克/千克，属省三级水平；有效铁含量平均值为 9.1 毫克/千克，属省四级水平；有效硼含量平均值为 0.4 毫克/千克，属省五级水平；有效硫含量平均值为 46.2 毫克/千克，属省四级水平；pH 平均 8.2，有效土层厚度平均为 92.5 厘米，耕层厚度平均为 17.9 厘米。

二、马铃薯生产技术要求

（一）引用标准

GB 3095—1982 大气环境质量标准；

GB 9137—1988 大气污染物允许浓度标准；

GB 5084—1992 农田灌溉水质标准；

GB 15618—1995 土壤环境质量标准；

GB 3838—1988 国家地下水环境质量标准；

GB 4285—1989 农药安全使用标准；

GB/T 15517.1—1995 农药残留检测标准。

（二）具体要求

（1）土壤：马铃薯对土壤的适应性较广，但较适宜在 pH4.8～6.8 的土壤中生长，过酸会出现植株早衰，过碱不利于出苗生长及疮痂病发生严重。土壤过黏易板结，不利薯块膨大，过沙肥力差，产量不高。最适宜种植在富含有机质、松软、排灌便利的壤质土。

（2）温度：解除休眠的薯块，在 5℃时芽条生长很缓慢，随着温度逐步上升至 22℃，生长随之相应加快；25～27℃的高温下茎叶生长旺盛，易造成徒长；15～18℃最适宜薯块的生长，超过 27℃，则薯块生长缓慢。马铃薯整个生长发育期的适宜温度是 10～25℃。

（3）光照：马铃薯在长日照下，植株生长很快。在生育期间，光照不足或荫蔽缺光的地方，茎叶易于发生徒长，延迟生长发育，抗病力减弱；短日照有利于薯块形成，一般每天日照时数在 11～13 小时最为适宜，超过 15 小时，植株生长旺盛，则薯块产量下降。结薯期处于短日照，强光和配以昼夜温差大，极利于促进薯块生长而获得高产。

（4）水分：马铃薯既怕旱又怕涝，喜欢在湿润的条件下生长。所以要经常保持土壤湿润，土壤水分保持在60%～80%比较适宜。土壤水分超过80%对植株生长有不良影响，尤其在后期积水超过24小时，薯块易腐烂。在低洼地种植马铃薯，要注意排除渍水或实行高畦种植。

（5）养分：马铃薯的生长发育对氮、磷、钾三要素的要求，需钾肥最多，氮肥次之，磷肥较少。氮、磷、钾肥的施用最好能根据土壤肥力，实行测土配方施肥。

（三）马铃薯的栽培技术要点

（1）选用适宜品种及脱毒种薯：根据不同的土壤条件和气候特点选用适宜的品种，目前陵川县主要引进种植和示范推广的良种主要有：紫花白、东北白、金冠及同薯23等。宜选用脱毒马铃薯原种或一级、二级种薯，杜绝用商品薯做种薯。

（2）种薯处理：种薯应选择健康无病、无破损、表皮光滑、储藏良好且具有该品种特征的薯块，大小一致，每个种薯重30～50克，最好整薯播种，可避免切块传病和薯块腐烂造成缺株，但薯块较大的种薯可进行切块种植。种薯在催芽或播种前应进行消毒处理，用200～250倍的福尔马林液浸种30分钟，或用1 000倍稀释的农用链霉素、细菌杀喷雾等。

（3）适时种植：为了确保马铃薯高产增收，适宜在4月下旬至5月上旬播种。

（4）选地整地：选择前作玉米的地块、土壤疏松，富含有机质，肥力中等以上，土层深厚的田块，进行深耕、平整。

（5）重施基肥：一般每亩施用农家肥4 000千克、碳酸氢铵100千克，磷肥（过磷酸钙）50千克，硫酸钾15千克，将它们充分拌匀，开挖10厘米深的种植沟，均匀撒施于种植沟内，然后覆少量土。

（6）合理密植：根据土壤肥力状况和品种特性而确定合理的种植密度，一般肥力条件下，按每亩种植3 000～3 300株为宜，每亩用种量120～150千克。在施有基肥的种植沟内按株距30厘米点放种薯，单株种植，芽眼向上，然后盖3～5厘米细土。

（7）田间管理：

①苗期管理：种后30天即可全苗，此时应及时深锄一次使土壤疏松通气，除草培土。

②现蕾期管理：现蕾期要进行第二次中耕除草，此次只趟不铲，以免铲断肉质延生根，趟土压草与手工拔除相结合防止草荒。结合培土，每亩施硫酸钾15千克、尿素8千克。同时，为了节省养分，促进块茎生长，应及时掐去花蕾，见蕾就掐。

③开花期管理：必须在开花期植株封行前完成培土，根据降雨情况（如土壤持续15天干旱）要适时浇水，促进提早进入结薯期。在盛花期要注意观察，发生徒长的可喷施多效唑抑制徒长。

④结薯期管理：结薯期应避免植株徒长，特别是块茎膨大期对肥水要求较高，只靠根系吸收已不能满足植株的需要，可采用0.5%的尿素与0.3%的磷酸二氢钾混合液进行叶面喷施，土壤持水量保持在80%左右。

（8）防治病虫害：马铃薯的主要病害有青枯病、晚疫病、卷叶病毒病、锈病、霜霉病；主要虫害有蚜虫、浮尘子、二十八星瓢虫、地老虎、金龟子等。应结合田间管理做好病虫害的防治工作，在整个生育期内发现病株要及时拔除，并清除地上和地下病株残体。

①病毒病防治：现蕾期前及时发现和拔除病毒感染的花叶、卷叶、叶片皱缩、植株矮化等症状的病株，在发病初期用1.5%的植病灵乳剂1 000倍液或病毒A可湿性粉剂500倍液喷雾防治。

②晚疫病防治：在开花后或发生期喷洒64%的杀毒矾可湿性粉剂500倍液或1∶1∶200的波尔多液，每7～10天喷一次，连喷2～3次。

③蚜虫防治：出苗后25天，采用40%氧化乐果乳油、功夫、灭蚜威等500～1 000倍液喷雾防治。

④马铃薯瓢虫防治：用90%敌百虫1 000倍液，或氧化乐果1 500倍液，或2.5%敌杀死5 000倍液均匀喷雾。

（9）适期收获：当马铃薯生长停止，茎叶逐渐枯黄，匍匐茎与块茎容易脱落时应及时收获。收获过早块茎不成熟，干物质积累少，产量低；收获过迟，容易造成烂薯，降低品质，影响产量。选择晴天挖薯，按薯块大小分类存放，薯块表面水分晾干后，置于通风、阴凉、干燥的地方储藏。

三、马铃薯生产目前存在的问题

（一）施肥不合理

从马铃薯产区农户施肥量调查看，施肥利用率较低。从马铃薯生产施肥过程中看，存在的主要问题是氮、磷、钾配比不当。

（二）微量元素肥料施用量不足

微量元素大部分存在于矿物质中，不能被植物吸收利用，而微量元素对农产品品质有着不可替代的作用，生产中存在的主要问题是农户微肥施用量较低，甚至有不施微肥的现象。

（三）播期过早

从全县看，马铃薯播种期主要集中在4月上旬前后，播期过早，不利于马铃薯生产。

四、马铃薯生产的对策

（一）增施有机肥，提高土壤水分利用率

一是积极组织农户广开肥源，培肥地力，努力达到改善土壤结构，提高纳雨蓄墒的能力；二是玉米与马铃薯轮作时，大力推广玉米秸秆覆盖、二元双覆盖、玉米秸秆粉碎还田等还田技术；三是狠抓农机具配套，扩大秸秆翻压还田面积；四是加快和扩大商品有机肥的生产和应用。在施用的有机肥的过程中，农家肥必须经过高温发酵，不得施用未经腐熟的厩肥、泥肥、饼肥、人粪尿等。

（二）合理调整肥料用量和比例

首先要合理调整氮、磷、钾施用比例。其次要合理增施磷钾肥，保证土壤养分平衡。

（三）科学施微肥

在合理施用氮、磷、钾肥的基础上，要科学施用微肥，以达到优质、高产的目的。

（四）延迟播期

马铃薯开花至膨大期是需水肥量最大时期，结合陵川县降雨，延迟播种期，一般在4月下旬至5月上旬播种，使它与马铃薯需水肥最大时期相遇，有利于提高肥料利用率。

第七节　陵川县耕地质量状况与旱地结球甘蓝标准化生产的对策研究

陵川县旱地结球甘蓝主要销往河南省郑州市场，目前种植面积达到近1万亩，主要分布在崇文镇的小召、尧庄、红马背、仕图苑、安阳、赵漳水，平城镇的东街、草坡、和村、杨寨、北召、下川、张寸，以及潞城镇潞城、义门、天池、东八渠、东村、秋子掌等村。该区属大陆性季风气候，降水量丰富，昼夜温差大，土壤较肥沃，土层深厚，质量适中。

一、旱地结球甘蓝主产区耕地质量现状

通过本次调查结果可知，陵川县旱地结球甘蓝主产区土壤理化性状为：有机质含量平均值为26.0克/千克，属省一级水平；全氮含量平均值为1.5克/千克，属省二级水平；有效磷含量平均值为20.7毫克/千克，属省二级水平；速效钾含量平均值为171.9毫克/千克，属省三级水平；缓效钾含量平均值为768.9毫克/千克，属省三级水平；有效铜含量平均值为1.4毫克/千克，属省三级水平；有效锰含量平均值为9.6毫克/千克，属省四级水平；有效锌含量平均值为1.3毫克/千克，属省三级水平；有效铁含量平均值为8.4毫克/千克，属省四级水平；有效硼含量平均值为0.4毫克/千克，属省五级水平；有效硫含量平均值为57.0毫克/千克，属省三级水平；pH平均8.1，有效土层厚度平均为102.2厘米，耕层厚度平均为18.7厘米。

二、旱地结球甘蓝标准化生产技术规程

（一）范围

本技术规程规定了无公害旱地结球甘蓝生产技术管理措施；

本标准适用于陵川县无公害旱地结球甘蓝的生产。

（二）规范性引用文件

下列文件中的条款通过本标准的引用而成为本标准的条款。凡是注日期的引用文件，其随后所有的修改单（不包括勘误的内容）或修订版均不适用于本标准，然而，鼓励根据本标准达成协议的各方研究是否可使用这些文件的最新版本。凡是不注日期的引用文件，其最新版本适用于本标准。

GB 4285　农药安全使用标准；

GB/T 8321　（所有部分）农药合理使用准则；

GB 16715.4—1999　瓜菜作物种子甘蓝类；

NY 5010　无公害食品蔬菜产地环境条件。

（三）产地环境

产地环境质量应符合 NY 5010 的规定。

（四）育苗

1. 育苗方式 根据栽培季节和方式，主要采用阳畦、塑料大棚、日光温室等育苗，要注意加设防雨、防虫、遮阴等设施。

2. 品种选择 春甘蓝选用抗逆性强、耐抽薹、商品性好的早熟品种；夏甘蓝选用抗病性强、耐热的品种；秋甘蓝选用优质、高产、耐储藏的中晚熟品种。

3. 种子质量 符合 GB 16715.4 — 1999 中的二级以上要求。

4. 催芽 将浸好的种子捞出洗净后，稍加晾干后用湿布包好，放在 20～25℃处催芽，每天用清水冲洗一次，当 20%种子萌芽时，即可播种。

5. 育苗床准备

（1）床土配制：选用近 3 年来未种过十字花科蔬菜的肥沃园土 2 份与充分腐熟的过筛圈肥 1 份配合，并按每立方米加 N∶P_2O_5∶K_2O 为 15∶15∶15 的三元复合肥 1 千克或相应养分的单质肥料混合均匀待用。将床土铺入苗床，厚度约 10 厘米。

（2）床土消毒：用 50%多菌灵可湿性粉剂与 50%福美双可湿性粉剂按 1∶1 比例混合，或 25%甲霜灵可湿性粉剂与 70%代森锰锌可湿性粉剂按 9∶1 比例混合，按每平方米用药 8～10 克与 4～5 千克过筛细土混合，播种时 2/3 铺于床面，1/3 覆盖在种子上。

6. 播种 根据当地气象条件和品种特性，选择适宜的播期。陵川县主要播种期集中在 5 月中下旬。播种前浇足底水，水渗后覆一层细土（或药土），将种子均匀撒播于床面，覆土 0.6～0.8 厘米。露地夏秋育苗，使用小拱棚育苗，覆盖遮阳网或旧薄膜，遮阳防水。

（五）苗期管理

1. 温度 苗期温度管理见表 7-3。

表 7-3 苗期温度管理

（单位：℃）

时　　期	白天适宜温度	夜间适宜温度
播种至齐苗	20～25	16～15
齐苗至分苗	18～23	15～13
分苗至缓苗	20～25	16～14
缓苗至定植前 10 天	18～23	15～12
定植前 10 天至定植	15～20	10～8

2. 分苗 当幼苗 1～2 片真叶时，分苗在营养钵内，摆入苗床。

3. 分苗后管理 缓苗后划锄 2～3 次，床土不旱不浇水，浇水宜浇小水或喷水，定植前 7 天浇透水，1～2 天后起苗，并进行低温炼苗。露地夏季育苗，分苗后要用遮阳网防暴晒，有条件的还要扣 22 目防虫网防虫。同时既要防止床土过干，也要在雨后及时排除苗床积水。

4. 壮苗标准　植株健壮，6～8 片叶，叶片肥厚蜡粉多，根系发达，无病虫害。

（六）定植前准备

1. 前茬　为非十字花科蔬菜。

2. 整地　露地栽培采用平畦。

3. 基肥　有机肥与无机肥相结合。在中等肥力条件下，结合整地每亩施优质有机肥（以优质腐熟猪厩肥为例）4 000～5 000 千克，配合施用氮、磷、钾肥。一般每亩底施碳铵 40 千克，过磷酸钙 40 千克，硫酸钾 30 千克。有机肥料需达到规定的卫生标准见表 7-4。

表 7-4　有机肥卫生标准

项　　目		卫生标准及要求
高温堆肥	堆肥温度	最高堆温达 50～55℃，持续 5～7 天
	蛔虫卵死亡率	95%～100%
	粪大肠菌值	(10∶1)～(10∶2)
	苍蝇	有效地控制苍蝇滋生，肥堆周围没有活的蛆、蛹或新羽化的成蝇
沼气肥	密封储存期	30 天以上
	高温沼气发酵温度	(53±2)℃持续 2 天
	寄生虫卵沉降率	95%以上
	血吸虫卵和钩虫卵	在使用粪液中不得检出活的血吸虫卵和钩虫卵
	粪大肠菌值	普通沼气发酵 10∶4，高温沼气发酵 (10∶1)～(10∶2)
	蚊子、苍蝇	有效地控制蚊蝇滋生，粪液中无孑孓。池的周围无活的蛆、蛹或新羽化的成蝇
	沼气池残渣	经无害化处理后方可用作农肥

（七）定植

1. 定植期　春甘蓝一般在春季土壤化冻、重霜过后定植。

2. 定植方法　采用大小行定植或等行定植。

3. 定植密度　根据品种特性、气候条件和土壤肥力，每亩定植早熟种 4 000～6 000 株，中熟种 2 200～3 000 株，晚熟种 1 800～2 200 株。

（八）定植后水肥管理

1. 缓苗期　定植后 4～5 天浇缓苗水，随后结合中耕培土 1～2 次。

2. 莲座期　通过控制浇水而蹲苗，早熟种 6～8 天，中晚熟种 10～15 天，结束蹲苗后要结合浇水或降水每亩追施氮肥（N）3～5 千克，同时用 0.2%的硼砂溶液叶面喷施 1～2 次。棚室温度控制在白天 15～20℃，夜间 8～10℃。

3. 结球期　要保持土壤湿润。结合降水追施氮肥（N）2～4 千克，钾肥（K_2O）2～3 千克。同时用 0.2%的磷酸二氢钾溶液叶面喷施 1～2 次。结球期要严格控制浇水，做好多雨期排水工作。收获前 20 天内不得追施无机氮肥。

（九）病虫害防治

1. 病虫害防治原则　贯彻“预防为主，综合防治”的植保方针，通过选用抗性品种，培育壮苗，加强栽培管理，科学施肥，改善和优化菜田生态系统，创造一个有利于结球甘蓝生长发育的环境条件；优先采用农业防治、物理防治、生物防治、配合科学合理地使用化学防治，将结球甘蓝有害生物的为害控制在允许的经济阈值以下，达到生产安全、优质的无公害结球甘蓝的目的。

2. 物理防治

（1）设置黄板诱杀蚜虫：用100×20厘米的黄板，按照（30～40）块/亩的密度，挂在行间或株间，高出植株顶部，诱杀蚜虫，一般7～10天重涂一次机油。

（2）利用黑光灯诱杀害虫。

3. 药剂防治

（1）严格执行国家有关规定，不应使用高毒、高残留农药。

（2）使用药剂防治时，要严格执行GB 4285和GB/T 8321。

（3）病虫害防治见表7-5。

表7-5 甘蓝主要病虫害防治方法

序号	防治对象	防治方法
1	霜霉病	1. 每亩用45%百菌清烟剂110～180克，傍晚密闭烟熏。7天熏一次，连熏3～4次 2. 用80%代森锰锌600倍液喷雾预防病害发生 3. 发现中心病株后用40%三乙膦酸铝可湿性粉剂150～200倍液，或72.2%霜霉威水剂600～800倍液，或75%百菌清可湿性粉剂500倍液，或72%霜脲锰锌600～800倍液，或69%安克锰锌500～600倍液喷雾，交替、轮换使用，7～10天1次，连续防治2～3次
2	黑腐病	发病初期用14%络氨铜水剂600倍液，或77%氢氧化铜可湿性粉剂500倍液，或72%农用链霉素可溶性粉剂4 000倍液，7～10天1次，连喷2～3次
3	软腐病	用72%农用链霉素可溶性粉剂4 000倍液，或77%氢氧化铜400～600倍液，在病发生初期开始用药，间隔7～10天连续防治2～3次
4	菜青虫	1. 卵孵化盛期选用苏云金杆菌（Bt）可湿性粉剂1 000倍液，或5%定虫隆乳油1 500～2 500倍液喷雾 2. 在低龄幼虫发生高峰期，选用2.5%氯氟氰菊酯乳油2 500～5 000倍液，或10%联苯菊酯乳油1 000倍液，或50%辛硫磷乳油1 000倍液，或1.8%齐墩螨素3 000～4 000倍液喷雾
5	小菜蛾	于2龄幼虫盛期用5%氟虫腈悬浮剂每亩217～34毫升，加水50～75升，或5%定虫隆乳油1 500～2 000倍液，或1.8%齐墩螨素乳油3 000倍液，或苏云金杆菌（Bt）可湿性粉剂1 000倍液喷雾。以上药剂要轮换、交替使用
6	蚜虫	用50%抗蚜威可湿性粉剂2 000～3 000倍液，或10%吡虫啉可湿性粉剂1 500倍液，或3%啶虫脒3 000倍液，或5%啶·高氯3 000倍喷雾，6～7天喷1次，连喷2～3次。用药时可加入适量展着剂

（十）适时采收

根据甘蓝的生长情况和市场的需求，陆续采收上市。在叶球大小定型，紧实度达到八成时即可采收。上市前可喷洒500倍液的高脂膜，防止叶片失水萎蔫，提高经济价值。同时，应去其黄叶或有病虫斑的叶片，然后按照球的大小进行分级包装。

三、旱地甘蓝主产区存在的主要问题

（一）化肥施用方法不科学

农户在施肥上，正好与提倡的施肥原则相反，采用底施的少，相反追施的多，并且尿素一次性每亩追施25千克，追施数量过多，不但利用率低，而且加重了病害发生。

按照甘蓝需肥规律，甘蓝属喜钾、氮作物，应为钾一、氮二、磷三，比例大体为3∶1∶4。而菜农在施肥上基本不施钾肥或是很少施用钾肥，造成氮、磷、钾比例不协调。

（二）预防病虫害不及时

菜农对甘蓝病虫害防治存在轻视苗期、重视后期的现象，预防不及时，造成甘蓝小苗不壮易感病，大苗病害蔓延，结球期病害大面积发生。

四、结球甘蓝标准化生产的对策

（一）科学合理施肥

学会掌握甘蓝需肥特性，按照其适宜的氮、磷、钾比例，施足底肥，尤其是要改变传统不施钾肥或少施钾肥的观念。同时要少量多次施追肥，避免一次追施尿素过多，提高肥料利用率。

（二）采取以防为主措施，加大病虫害防治

在加大播种育苗期间病虫害的预防措施，做到带药定植，按照甘蓝生长规律，加强各生育期间对土、肥、水的管理力度，重视病虫害的发生，做到及早动手，将隐患在萌芽状态中除去，保证其产量品质。

第八节　陵川县耕地质量状况与谷子种植标准化生产的对策研究

谷子是陵川县主要粮食作物之一，主要分布在西河底镇的西河底、西河、徐社、焦会、积善、偏桥底、张仰、三泉、圪坨、秦山、冯山、河元、南沟、现岭、南窑头、吕家河、万章、马庄、高庄、东王庄、南窑头、铺上、梧桐等村，以及附城镇的川里、后山、庄里、毕良掌等村。近年来，随着陵川县农业产业结构的调整，以及市场对谷子需求的增加，谷子生产面积也在逐年加大。

一、主产区耕地质量现状

通过本次调查结果可知，陵川县谷子产区土壤理化性状为：有机质含量平均值为20.34克/千克，属省二级水平；全氮含量平均值为1.16克/千克，属省三级水平；有效磷含量平均值为22.34毫克/千克，属省二级水平；速效钾含量平均值为162.16毫克/千克，属省三级水平；缓效钾含量平均值为793.31毫克/千克，属省三级水平；有效铜含量

平均值为 1.54 毫克/千克，属省二级水平；有效锰含量平均值为 12.74 毫克/千克，属省四级水平；有效锌含量平均值为 1.22 毫克/千克，属省三级水平；有效铁含量平均值为 9.03 毫克/千克，属省四级水平；有效硼含量平均值为 0.38 毫克/千克，属省五级水平；有效硫含量平均值为 23.43 毫克/千克，属省五级水平；pH 平均 8.34，有效土层厚度平均为 98.8 厘米，耕层厚度平均为 19.2 厘米。

二、谷子种植标准技术措施

（一）引用标准

GB 3095　环境空气质量标准；

GB 15618　土壤环境质量标准；

GB 4285　农药安全使用标准；

GB/T 8321　农药合理使用准则。

（二）栽培技术措施

1. 选地　基于谷子种子小，后期怕涝、怕“腾伤”的特点，应选择土壤肥沃、通风、排水性好、易耕作、无污染源的丘陵垛地种植为好；避免种在窝风、低洼、易积水的地块。

谷子不宜连作，应轮作倒茬。前茬以大豆、薯类、玉米为好。

2. 施足基肥　秋季收获作物后，每亩施经高温腐熟的优质农家肥 3 000～4 000 千克，碳铵 50 千克、过磷酸钙 50 千克。所有肥料结合秋耕壮垡一次底施。

禁止施用的肥料有：一是未经无害化处理的城市垃圾、医院的粪便、垃圾和含有有害物质的工业垃圾。二是硝态氮肥和未腐熟的饼肥、人粪尿。三是未获准省以上农业部门登记的肥料产品。

3. 秋耕壮垡　清理秸秆根茬—施肥—深耕—平整—耙耢，要求达到净、深、透、细、平，即根茬净，犁深在 26 厘米以上，应犁透，不隔犁，细犁，细耙，耕层无明暗坷垃，地面平整。

4. 播前整地　播前将秋耕壮垡的地块，进行浅拱、耙耢、平整、清除杂草，使土壤上虚下实。土壤容重为 1.1～1.3 克/厘米^3。

5. 品种选择　谷子属于短日照喜温作物，对光温条件反应敏感。必须选用适合当地栽培，优质、高产、抗病性强的、通过省级认定的优良品种。种子质量应符合 GB 4404.1—1996 的有关规定。选择适合当地品种。目前陵川县主推品种有：晋谷 21、晋谷 35。

6. 种子处理　播种前 15 天左右，选晴天将谷种薄薄摊开 2～3 厘米厚，暴晒 2～3 天。

7. 播种

（1）播期选择：以立夏至小满为宜，可依品种、土壤墒情灵活掌握。生育期长的品种可适当早播，反之，则应适当推迟播期；土壤墒情好时，可适当晚播。

（2）土壤墒情：播种时 0～5 厘米土壤含水量应以 13%～16%为宜（手抓起一把土壤

能捏成团，掉在地上可散开）。

（3）播量：一般每亩播种0.8～1.0千克。

（4）播种方式：采用机播耧为好，也可用土耧，行距为26～33厘米。大小行种植时，宽行40～45厘米，窄行16～23厘米。

（5）播种深度：播深以4～5厘米为宜，最深不超过6.6厘米。

（6）播后镇压：播后随耧镇压。若土壤过湿，应晾墒后再镇压，可采用石砘镇压或镇压器镇压，也可人工踩压。播后遇雨，要及时镇压，破除地表板结。

8. 苗期管理

（1）幼苗快出土时，压碎坷垃，踏实土壤，防止“悬苗”或“烧尖”。

（2）在4叶一心时，及时间苗，每亩留苗3万株左右，密度可根据地力和施肥水平适当调整，应避免荒苗，间苗时浅锄、松土、围苗、除草，促根深扎、促苗壮发。

（3）留苗密度：肥沃地每亩留苗2.5万～3万株；坡梁地每亩留苗1.5万～2万株。

（4）中耕除草：第一次中耕结合定苗浅锄，围土稳苗；25～30厘米时中耕培土，深锄、细锄，深度5～7厘米；苗高50厘米时，中耕培土，防止倒伏。

9. 拔节孕穗期管理

（1）清垄：8叶期将谷行中的谷莠子、杂草、病虫株及过多的分蘖等拔除，减少病虫、杂草的危害和水肥的无为消耗，使苗脚清爽、通风透光。

（2）中耕除草：在清垄时或清垄后及时进行中耕，深度10～15厘米，除掉行间杂草，促根多发、深扎，增强根系吸收水肥能力和土壤蓄水保墒能力。

（3）追肥：在10叶期，对一些地力较差、底肥不足的地块，可采取8叶期只清垄不中耕，10叶期结合追肥进行深中耕，每亩追施尿素5～8千克。

（4）高培土：为防倒伏、增蓄水，在孕穗期要进行高培土。

（5）防“胎里旱”、“卡脖旱”：严重干旱时，在孕穗期每亩用抗旱剂0.1～0.15千克，对水60千克进行叶面喷施，缓解“胎里旱”、“卡脖旱”。

10. 后期管理　为防早衰，提高穗粒数，增加粒重，谷子抽穗后，需进行叶面追肥（即根外追肥）。一般用2%尿素和0.2%磷酸二氢钾和0.2%硼酸溶液，进行叶面喷洒，每亩喷施40～60千克。喷施时间应在扬花期和灌浆期进行。

（三）病虫害防治

谷子主要病害有谷子白发病、黑穗病，主要害虫有粟灰螟、蛴螬、金针虫、蝼蛄。

1. 农业防治　采取轮作倒茬、科学施肥、处理根茬、选用抗病品种、种子处理、加强栽培管理等一系列有效措施，防治病虫害。

2. 物理防治　根据害虫生物学特性，利用昆虫性诱剂、糖醋液、黑光灯等干扰成虫交配和诱杀成虫。

3. 生物防治　人工释放赤眼蜂，保护和助迁田间瓢虫、草蛉、捕杀螨、寄生蜂、寄生蝇等天敌，使用中等毒性以下的植物源、动物源和微生物源农药进行防治。

4. 化学防治　要加强病虫害的预测预报，做到有针对性的适时防治。未达防治指标或益害虫比合理的情况下不用药；严禁使用禁用农药和未核准登记的农药；根据天敌发生特点，合理选择农药种类、施用时间和施用方法，保护天敌；根据病虫害的发生特点，注意交替和合理使用农药，以延缓病虫产生抗药性，提高防治效果；严格控制施药量与安全间隔期。

5. 主要病虫害防治措施

（1）谷子白发病：将种子放在浓度10%盐水中，捞出上面秕谷、杂质，将下沉种子捞出用清水洗2～3遍，晾干后用35%瑞毒霉按种子量0.3%均匀拌种。

（2）谷子黑穗病：将种子放在浓度20%石灰水中浸种1小时，去除秕谷、杂质，捞出晾干，用40%拌种双按种子量0.2%均匀拌种。

（3）粟灰螟：春季将谷田根茬全部清理干净，并集中烧掉。6月上中旬，当谷田平均500株谷苗有一块卵或出现个别枯心苗时，用苏云金杆菌300倍或2.5%溴氰菊酯4 000倍液或20%氰戊菊酯3 000倍液喷雾防治。

（4）蛴螬、金针虫、蝼蛄：一是推荐使用包衣种子（种子包衣剂成分不含高毒、高残留物质）；二是未经包衣种子可用50%辛硫磷乳油按种子量0.2%拌种，闷种4小时，晾干后播种。

（5）黏虫：黏虫防治在幼虫2～3龄期，谷田每平方米有虫20～30头时，用Bt乳剂200倍液或90%晶体敌百虫500～1 000倍液喷雾，或每亩用2.5%敌百虫粉喷粉。也可利用黏虫成虫的趋化性，用糖醋液诱杀黏虫成虫，或在7月中旬至8月下旬二代成虫数量上升时，用杨树枝把火谷草把诱蛾产卵，每天日出前用捕虫网套住树枝将虫震落于网内杀死。每亩插设2～3个杨树枝把或谷草把，5天更换一次。

（四）适时收获

9月底至10月初谷穗变黄、籽粒变硬、谷码变干时，适时收获。谷子收获应连秆一起运回或放倒在田间3～5天（俗称歇腰），然后再切穗脱粒。

（五）运输、储藏

1. 运输 运输工具要清洁、干燥，有防雨设施。严禁与有毒、有害、有腐蚀性、有异味的物品混运。

2. 储藏 应在避光、低温、清洁、干燥、通风、无虫鼠害的仓库储存。入库谷子含水量不大于13%。严禁与有毒、有害、有腐蚀性、易发霉、有异味的物品混存。

三、谷子标准化生产存在的问题

（一）土壤养分含量不高

土壤养分含量基本属中等水平，主要表现在有机肥施用量少，甚至不施。

（二）微量元素肥施用不足

生产谷子的地块微量元素平均含量基本属于低等水平，尤其是有效锰、有效铁、有效硼、有效硫等含量较低，农户基本不重视微肥施用，基本不施。

（三）化肥施用不合理

农户偏施氮肥现象相当普遍，影响了谷子品质。

（四）地块过小，机械化程度不高

谷子生产地块主要选择在山地、坡地，一般地块面积都比较小，机械化生产困难。

四、谷子标准化生产对策

（一）提高土壤养分含量

严格按照谷子生产的措施，按每亩 3 000～4 000 千克农家肥底施，一次性施足，并在此基础上，施入一定量的化肥。

（二）科学施肥

建议：一是在秋耕时，进行秋施肥；二是少施氮肥，氮、磷、钾要平衡施肥；三是在微量元素含量较少的地块，进行补充微量元素肥量，可底施，也可叶面喷施。

（三）加大农田基本建设

加大农田基本建设的目的，是谷子生产的地块要适应机械化生产的要求。一是采取修边垒堺，将坍塌地块修整；二是将小地块变大地块。

第九节　陵川县耕地质量状况与党参种植标准化生产的对策研究

陵川县是山西省中药材种植重要的区域之一，主要分布在六泉乡的六泉、西湾、西石盆、赵马双、赵家岭、庙怀、石楼、漫流坡、水草沟、高家、赤叶河、楚江寨等村，古郊乡的大路沟、西庄上、岭东、后沟、苍郊、莲花、水洼、昆山、锡崖沟等村，以及崇文镇、秦家庄乡等部分村。近年来，随着陵川县农业产业结构的调整，以及市场对中药材需求的增加，中药材种植为陵川县农民带来了巨大的经济利益，尤其为陵川县边远山区的农民指明了致富之路。其主要种植种类有：党参、黄琴、柴胡、丹参等。

一、主产区耕地质量现状

通过本次调查结果可知，陵川县中药材产区土壤理化性状为：有机质含量平均值为 27.3 克/千克，属省一级水平；全氮含量平均值为 1.6 克/千克，属省一级水平；有效磷含量平均值为 22.2 毫克/千克，属省二级水平；速效钾含量平均值为 237.6 毫克/千克，属省二级水平；缓效钾含量平均值为 840.2 毫克/千克，属省三级水平；有效铜含量平均值为 1.6 毫克/千克，属省二级水平；有效锰含量平均值为 12.2 毫克/千克，属省四级水平；有效锌含量平均值为 2.0 毫克/千克，属省二级水平；有效铁含量平均值为 13.1 毫克/千克，属省三级水平；有效硼含量平均值为 0.4 毫克/千克，属省五级水平；有效硫含量平均值为 56.8 毫克/千克，属省三级水平；pH 平均 8.3，有效土层厚度平均为 81.4 厘米，耕层厚度平均为 16.2 厘米。

二、党参种植标准技术规程

（一）范围

本标准规定了陵川县党参的播种育苗、嫁接、苗期管理、起苗、抽查检验、包装运输及假植的基本要求。

本标准适用于陵川县党参的繁育、流通。

（二）党参对生态环境的要求

1. 党参的生物学特性

（1）温度：党参对气候适应性较强，适宜温和凉爽气候，较耐寒，在各个生长期，对温度要求不同。一般在 8～30℃能正常生长发育；最适生长温度是 20～25℃。温度在 30℃以上党参生长受到抑制。由于党参具有较强的抗寒性，参根在土壤中越冬，即使在 −25℃左右的严寒条件下不会冻死，仍能保持生命力。生长期持续高温炎热，地上部分易枯萎和患病害。昼夜温差大小对党参根的产量和质量影响较大，在高寒山区，昼夜温差大，对党参根中糖分等有机物积累有利。

（2）光照：党参对光照的要求较为严格，幼苗喜阴，成株喜光。幼苗期需适当遮阴，在强烈的阳光下幼苗易被晒死，或生长不良。随着苗龄的增长对光的要求逐渐增加，二年生以上植株需移植于阳光充足的地方才能生长良好。

（3）水分：党参对水分的要求不甚严格，一般在年降水量 500～1 200 毫米、平均相对湿度 70%左右的条件下即可正常生长。党参对水分的要求随生长期不同而异。播种期及幼苗期需求较多，缺水不出苗，即使出苗也会因干旱而死。定植后对水分要求不严格，但不宜过湿，特别是高温季节，土壤过湿容易引起烂根。

（4）海拔：党参垂直分布于海拔 900～3 100 米，多在海拔 1 000～2 100 米的半阴半阳或阴坡，坡度在 15°～20°的地带生长。海拔高度低，昼夜温差小，不利于党参根中糖分的积累，从而影响成品质量。

（5）土壤：党参是深根性植物，适宜生长在土层深厚、疏松、排水良好、富含腐殖质的沙质壤土中，土壤酸碱度以中性或偏酸性土壤为宜，一般 pH 在 5.5～7.5。据党参产区的经验，棕黑色土长的党参无支根，产量高，品质优。其次是灰棕壤土种植。定植地对土地的要求不严格，一般熟地或生荒地均可栽植。但黏壤土、低洼地、红土、浅栗钙土及生长有不易清除的多年生宿根杂草的土地不宜种植。忌连作。

2. 基地的自然条件

（1）地理全貌：陵川县位于山西省东南边陲，太行山南段高峰。总面积 1 751 千米^2，地形随太行山山脉走向，由东北向西南逐步倾斜，构成东北高而西南低的天然地形。基地处在太行山华北平原断裂带，大陆性气候比较明显。区内山峰林立，植被繁茂，森林覆盖率达 63.9%。为潞党的传统栽培区。无霜期 140 天左右，海拔高度为 900～1 700 米。基地面积 3 000 亩。

（2）气候条件：基地年平均气温 7.34℃，≥0℃的年平均积温为 3 369℃，≥10℃的年平均积温（有效积温）为 2 755.1℃，年平均日照时数 2 601.3 小时，极端最低气温 −23.7℃，极端最高气温 34.3℃，按日平均气温 22℃划为夏季的标准，最热的 7 月份，日平均气温 21.3℃。生长期内昼夜温差显著，年降水量为 650 毫米。

（3）土壤肥力：区内土壤类型为褐土和草甸土，土壤有机质平均为 27.661 克/千克，全氮 1.603 克/千克，有效磷 13.7 毫克/千克，速效钾 178.2 毫克/千克，阳离子交换量 14.04 摩尔/千克。对照全国土壤养分含量分级标准，结果表明总的土壤养分达到中等水平。

（4）生态环境质量标准：生产基地应选择大气、水质、土壤无污染的地区。周围不得有污染源，环境生态质量：空气环境应符合大气环境质量标准的二级标准；灌溉水质应符合农田灌溉水质量标准；土壤环境质量应符合国家相关标准二级标准。

3. 物种或品种类型

（1）种质鉴定：依据《中华人民共和国药典》2000年版收载，党参属多年生草质藤本。植株具臭味，有白色乳汁。根锥状圆柱形，外皮黄褐色至灰棕色。茎细长而多分枝，光滑无毛。叶互生或对生，卵形或狭卵形，长1～6.5厘米，宽0.5～4厘米，叶齒缘具波状齿或全缘。花1～3朵生于分枝顶端；花萼无毛，裂片5，稀为4，长圆披针形或三角状披针形；花冠淡黄绿色，具污紫色斑点，宽钟形，长2～2.5厘米，无毛，先端5浅裂，裂片正三角形；雄蕊5，花丝中下部略加宽；子房半下位，3室，胚珠多数，柱头3裂。蒴果，圆锥形，花萼宿存，3瓣裂；种子长圆形，棕褐色，具光泽。花期7～8月，果期8～9月。

（2）品种选择：党参广泛分布于全国各地，并有大量栽培，是中药党参最主要的植物来源；素花党参分布于川、陕、甘交界处；川党参主要分布于四川东部、湖北西部、陕西东南部。以上3种为目前全国党参栽培中主流品种，但有的地方还种植管花党参、缠绕党参等，甚至一些党参代用品也有种植，应引起足够重视。在党参种植中应选用《药典》规定的疗效确切的党参良种为好。同时在党参的药材加工上应继承优良的传统加工方法，弘扬地道药材，开发新名牌。

（三）选地与整地

1. 选地

（1）育苗地选择：党参苗地应选择排水良好，土层深厚，疏松肥沃的沙壤或腐殖质多的土地和半阴的山坡地为好。前茬作物为禾本科或豆科作物。

（2）大田移栽地选择：选择土层深厚、土质疏松、排水良好的砂质壤土。养分水平中等以上，pH在5～7。大气、水质、土壤无污染，周围不得有污染源。

2. 整地

（1）育苗地整地：秋收前茬作物后进行整地，整地时，要将地深翻20～25厘米，每亩施3 000～4 000千克农家肥和30千克过磷酸钙作基肥，农家肥必须充分腐熟达到无害化标准。育苗前要将地面整平。

（2）大田移栽地整地：秋季收获作物后随即整地，整地时要求深耕，同时施3 000～4 000千克优质农家肥，农家肥必须充分腐熟，达到无害化标准。移栽前要将地面整平。

（四）繁殖与种植

1. 育苗地

（1）种子的选择：所选种子必须是公司基地所产种子。所用种子必须经过公司检验部门检验合格的种子，种子等级应尽量选一级种子。

（2）种子消毒：将50%的多菌灵用清水稀释600倍，然后浸泡种子1小时，消毒后阴干。

（3）播种时间：4月5日～4月30日。

（4）播种方式：将种子与细土或草木灰拌匀后，均匀撒于地表，然后覆盖厚0.5～1厘米的细土，镇压。亩播种量为2～3千克。

2. 大田移栽地

（1）种苗的选择：选好种苗是党参增产的关键措施之一。选择种苗的标准为：主根粗而长，发育均匀，分杈少，皮色正，无破损，无病虫危害。种苗必须经过检验、检疫合格后方可移栽。

（2）种苗消毒：将50%的多菌灵，用水稀释800倍，浸泡种苗10分钟，取出、沥水。

（3）移栽时间：秋季移栽：10月中旬地上部分干枯后至土壤封冻前进行移栽；春季移栽：土壤解冻后至参苗萌芽前进行移栽。

（4）移栽方法：移栽时，按行距22～25厘米，在地面横向开沟，沟深20～25厘米，将参苗按株距8～10厘米，斜放于沟内，尾部不得弯曲，根系要自然舒展，然后，覆土超过参苗根头2～3厘米，压实。亩用种苗量：一等参苗为30～35千克/亩，二等参苗为24～30千克/亩。

（五）田间管理

1. 育苗地

（1）覆盖：种子播完后要进行覆盖遮阴，覆盖物为松枝、豆秸等，覆盖程度以遮住地面为准（遮阴度以90%～95%为宜）。覆盖时即不可太厚又不可太薄，太厚影响通风透光，易形成高脚苗，太薄达不到遮阴保湿的目的。

（2）去覆盖物：党参出苗后，揭去部分覆盖物，使透光率为15%左右，至苗高10厘米时，均匀揭去30%的覆盖物，以后每隔7～10天揭去一次，3次揭完。

（3）排水：雨季特别注意排水，防止烂根烂秧，造成参苗死亡。

（4）追肥：育苗田一般不追肥，以免引起参苗徒长，参根质量不好。

（5）除草松土：育苗地要做到勤除杂草，防止草荒，应该做到见草就拨。

（6）间苗：揭覆盖物后要及时间苗，保持苗株距1～3厘米，除去一部分过密的弱苗。

（7）入冬管理：秋季地上部分枯黄后，将地上部分割掉，全部清理出地块，并挖坑将其深埋。同时禁止牛、羊等牲畜进入党参地内。

2. 大田移栽地

（1）中耕除草：党参大田生产一般中耕除草3次左右，以保持田间表土疏松，无杂草。中耕除草要做到不伤根、不压苗、不伤苗、不误时。党参出全苗后，开始第一次除草。幼苗期除草宜勤、松土宜浅，以免伤根。党参全苗后一个月进行第二次中耕除草，除草时要小心，以免伤苗，有大草要拔除。党参封垄前进行第3次除草，这次除草要结合党参培土进行。党参田必须人工除草，严禁使用任何化学除草剂进行除草。

（2）施肥：

①春季追肥：在苗高5～7厘米时进行追施。在党参行间开10厘米深的沟，将尿素均匀撒入沟内，然后覆土埋住。每亩追施10千克尿素。

②夏季追肥：在7月1日～7月15日，按亩0.5千克将磷酸二氢钾稀释1 500倍，然后进行叶面喷肥

（3）排水：主要集中在夏季6～8月降水比较集中时期。大田必须安排好排水沟，在山坡地上部栽培时，尽可能利用自然水沟作主排渠道。在山坡中、下部栽培时，地块上端应挖好拦水沟，防止山坡上段径流水流经田块。田块内部和下端的排水沟应顺其地形地势特点，把水沟规划在最低处。连雨季节，及时清理排水沟，把存水地方疏通好，防止堵塞。

（六）党参病虫害综合防治

从各作业环节入手，加强管理，防止病虫害发生。党参病虫害防治过程注意的问题：党参病虫害防治要以防为主，综合防治，尽量少用或不用药物防治，在使用药物防治的过程中，要选择高效、低毒农药。尽量利用农业、生物、物理等方法防治党参病虫害，不用或少用农药防治。严格禁止使用剧毒、高毒、高残留或者具有三致（致癌、致畸、致突变）的农药。采收前1个月内不得使用任何农药。

（七）采收与加工

1. 采收

（1）采收时间：党参的采收年限为2年，采收时间应在9月20日～10月20日。

（2）采收方法：党参采收时先割掉党参的地上茎蔓，再在党参行的一头用二榫或三榫镢开沟深挖，扒出参根。鲜根脆嫩，易破，易断裂，免伤参根。边起边拣，抖掉根上附着的土，掰掉残茎，除掉杂草，剔除腐烂变质部分，运回加工。2年生党参每亩产鲜货400～450千克。干货为120～150千克。

2. 加工方法

（1）选参：党参采收后在原料棚中选参，除去茎叶、杂草、泥土和腐烂变质的参根。

（2）初晒：将除去杂质的鲜货及时均匀摊放于专用的晾晒场，厚度不能超过15厘米，晾晒10～15天，晒至六至七成干时进入水洗室。

（3）洗参

①初洗：把晾晒后的党参放入水洗池中，浸泡5～7分钟后，清洗人员戴上手套用刷子反复刷洗，将参根泥土及病疤残留物除去。

②清洗：将初洗后的参根放入筐内，移至冲洗架上，用冲洗机进行冲洗，彻底将参根清洗干净。

③沥水：将清洗后的参根放在沥干架上沥水，待表皮干后进行分级。

（4）分级：将沥水后的参根分成大、中、小三级。3个等级的芦下直径依次为1.2厘米以上，0.9～1.2厘米，0.5～0.9厘米3个等级，将不同等级的党参放入对应的晾晒架上，厚度为不超过10厘米。

（5）揉搓：将党参理成约5厘米的小把，一手紧握成把党参芦头处，一手从头至尾向下顺握，使皮部与木质部密切接触，反复揉搓8～10遍，再将芦头部分揉搓8～10遍。搓时注意用力不可过猛，否则就会将参根皮肉搓成“母猪皮”，降低品质。晒2～3天，再按上述方法加工一遍，反复3～4次即可。

（6）将揉搓后的党参放置对应的晾架上进行晾晒，当参根约八成干时，准备捆把。

（7）捆把：将揉搓后晾晒为8成干的参根分成0.5千克左右的小把，头尾理顺后用专用棉绳或麻绳在中部捆紧，最后用细皮筋将芦头处套住。此时参根尾部已干易断，捆把时特别小心，不可用力过猛。

（8）晾干：将捆把后的党参放在晾晒架上进一步晾晒，直至成品含水量小于15%，质检员抽检合格后准备装箱。

（八）留种技术

1. 良种田的选择 良种田应选择水利条件好，腐殖层深厚，土壤肥力高，质地均匀的地块。

2. 良种田的管理 为了能保证个体充分发育，便于田间管理和观察，株行距要适当放大一些。在施肥水平和管理措施上要高于生产田，在施肥上要实行基肥和追肥并重的措施。管理上要及时除草、搭架。在种苗选择上，要选择具有栽培种的典型特征，主根粗而长，发育均匀，分杈少，皮色正，无病虫危害的种苗作种子田栽植用。

3. 采种 9～10月间待党参果实呈黄白色，种子变褐色时采收。小面积种植，可随熟随采，分期采收。大面积种植留种时，应在绝大部分种子成熟时，将果实带蔓割下，一次采收。果实运回阴干，取掉果皮，选留种子。亩产种子12～15千克。

4. 晾种 种子以阴干为好，切忌曝晒或在水泥地面上烤晒，更不可用明火烘烤，以免降低种子活力，影响种子的发芽率。种子含水量不高于6.5%。

5. 分级 加工干燥后的党参种子用40目党参样筛筛选，可把全部小粒清除，可达二级种子，千粒重为270毫克，用35目党参样筛筛选，可达一级种子，千粒重为330毫克。

6. 种子储藏 党参种子分级后，应装入布袋或麻布袋内，并在袋内外各挂一标签，注明药品名称、数量、等级、产地、储存时间等，然后放凉爽通风干燥处储藏。

（九）质量标准及检测

依据：《中华人民共和国药典》2000版一部附录、GB 6941—86、GB 6942—86、重金属（铅、砷参照2000版药典）其他参照食品标准GB/T 5009.12—1996、GB/T 5009.15—1996、GB/T 5009.17—1996、GB/T 5009.11—1996、GB/T 14961—1994及行业标准国家医药管理局于1984年3月制定的《七十六种药材品种规格标准》进行检测。

1. 党参种子分等质量标准 党参种子分等质量标准见表7-6。

表7-6 党参种子分等质量标准

标准＼等级	一等种子	二等种子	备　注
	企业标准	企业标准	
千粒重（毫克）不小于	330	270	符合一等种子标准，千粒重330毫克以上者为特等
生活力（%）不低于	98	95	生活力不符合标准的种子相应降等
净度（%）不低于	97	96	净度不符合标准要进行筛选或风选
含水量（%）不高于	6.5	6.5	含水量超过标准×重量折算系数，计算规定含水量的千粒重

技术要求及检验方法：党参种子参照人参种子《中华人民共和国国家标准》GB 6941—1986方法进行检测。

2. 党参种苗标准

（1）党参种苗等级规格：党参种苗等级规格见表7-7。

表7-7　党参种苗等级规格

年生等级＼标准	根重（克）不小于	每千克支数（根）不多于	根长（厘米）不短于
一等苗	0.8	1 250	13
二等苗	0.6	1 666	9

（2）技术要求及检测方法：参照《中华人民共和国国家标准》GB 6942—1986方法进行检测。

3. 党参成品质量标准

（1）党参成品外观质量标准：党参成品外观质量标准见表7-8。

表7-8　党参成品外观质量标准

项　目	一等	二等	三等	合格品
芦头直径（厘米）	≥1	≥0.8	≥0.4	
病疤	无	个别参有，轻微	个别参有，轻微	符合《中华人民共和国药典》2000版一部的规定
杂质	无	无	无	
空心	无	无	无	
虫蛀	无	无	无	
霉变	无	无	无	
油条	无	无	小于10%	
断面	断面稍平坦，有裂隙或放射状纹理			

（2）技术要求及检测方法：符合《中华人民共和国药典》2000版一部第233页的规定，并按《中华人民共和国药典》2000版一部及国家医药管理局于1984年3月制定的《七十六种药材品种规格标准》进行检测。

4. 党参成品内在质量标准　党参成品内在质量标准见表7-9。

表7-9　党参成品内在质量标准

序号	项目		标准（等级品）		合格品
			法定标准	内控标准	
1	显微鉴别		符合《中华人民共和国药典》2000版一部的规定		符合《中华人民共和国药典》2000版一部的规定
2	浸出物（%）		≥55	≥57	
3	水分（%）			<15	
4	灰分（%）	总灰分		≤10	
		酸灰分		≤2	
5	微生物限度（个/克）			细菌总数不得超过30 000霉菌、酵母菌数不得超过500大肠杆菌不得检出	

（续）

序号	项目		标准（等级品）		合格品
			法定标准	内控标准	
6	多糖（%）			≥25%	符合《中华人民共和国药典》2000版一部的规定
7	农药残留（毫克/千克）	六六六	≤0.010	≤0.010	
		DDT	≤0.001	≤0.010	
		PCNB	≤0.010	≤0.010	
8	有害元素（毫克/千克）	Pb	≤0.05	≤0.05	
		Cd	≤0.02	≤0.02	
		As	≤0.05	≤0.05	
		Hg	≤0.002	≤0.002	
		铬	≤0.10	≤0.10	

技术要求及检测方法：党参应按《中华人民共和国药典》2000版一部标准、食品标准、行业标准及其检测方法进行检测。

5. 党参等级标准 党参等级标准见表7-10。

表7-10 党参等级标准

等级	标　　准
一等	干货，根呈长圆锥形；芦头较小；表面黄褐色或灰黄色；体结而柔有光泽；断面棕黄色或黄白色；糖质多，味甜；芦下直径1厘米；无油条、杂质、霉变
二等	干货，根呈长圆锥形；芦头较小；表面黄褐色或灰黄色；体结而柔有光泽；断面棕黄色或黄白色；糖质多，味甜；芦下直径0.8厘米；无油条、杂质、霉变
三等	干货，根呈长圆锥形；芦头较小；表面黄褐色或灰黄色；体结而柔有光泽；断面棕黄色或黄白色；糖质多，味甜；芦下直径0.4厘米；无油条、杂质、霉变；油条不超10%
合格品	干货，根呈长圆锥形；芦头较小；表面黄褐色或灰黄色；体结而柔有光泽；断面棕黄色或黄白色；糖质多，味甜；芦下直径0.4厘米以下；无油条、杂质、霉变；油条不超10%

技术要求及检验方法：党参按党参应按国家医药管理局于1984年3月制定的《七十六种药材品种规格标准》进行检测。

（十）包装、储藏及运输

1. 包装

（1）抽检：技术质量部过程控制员抽样送检，检验员对产品外观进行检验，检验合格后方可进行包装操作，内在质量送有关单位委托检验。

（2）装箱：不同等级产品不可混放；装箱时先在箱内铺好垫板，将每把党参芦头处的皮筋去掉，然后把成品参一把一把的摆在箱内，每箱净重20千克；把参装完后，再把上盖盖好；用胶带将纸箱封严，打箱带需打两道腰，箱外空白一侧中部贴上产品合格证；产品合格证应注明品名、批号、等级、产地、生产日期、采收日期、储藏条件、注意事项、包装工号、净重、检验员等。包装完的产品入待验品库，等内在质量检验合格后入合格品库，否则入不合格品库。

2. 储藏

（1）温湿度管理：按照《中药材养护管理规程》要求，对在库中药材进行温湿度的管理；超过温湿度要求的，应采取处理措施。

（2）养护检查：每季度对在库党参进行养护检查，夏季重点养护季节，可视情况缩短养护检查周期，定期分析汇总上报养护检查情况，养护检查发现不合格的中药材，应悬挂明显标志和暂停发货。

3. 运输　运输党参要包装完整，包装牢固，已开箱药材应封口并签章，品名、标识清楚，数量准确，堆码整齐，不得将药包装倒置、重压，堆码高度要适中。并采取防雨、防晒、防震、防污染等措施，以保证药材安全与包装整洁。铁路运输不得使用敞车。水路运输不得配装在仓面，公路运输应覆盖严密捆扎牢固，防止破损、污染和混药事故发生。搬运、装卸中药材要轻拿轻放，严格按外包装图示标志要求堆放，采取必要防护措施；防止中药材的破损和混淆。党参批量运输时，严禁与有毒、有害、易串味的物质混装。

三、中药材生产存在主要问题

（一）优良种品选育工作滞后

陵川县栽培中药材历史虽然很长，但良种选育工作滞后，品种仍保留着许多野生性状，目前栽培的中药材种质混杂，表现为种内变异多样性。

（二）病虫害防治困难

中药材病虫害种类多，而使用的农药却比较少，防治起来困难多，直接影响中药材的产量和质量。

（三）缺乏规范化管理

当前，陵川县中药材种植规模虽然较大，但是农户缺乏种植技术，生产中还存在很多问题，影响了产量和品质，还需要进一步加大规范的种植力度。

（四）水土流失严重

中药材种植的地块土壤肥力差、面积小、坡度大，加上区域内降水量多，容易造成水土流失。

四、中药材生产对策

（一）建立中药材良种繁育基地中药材的良种繁育是实现中药材种植规模化、规范化的重要环节。经过人工选育后，建立良种繁育基地，经良种繁育基地繁育的药材种子、种苗再推广到生产上实现中药材生产的良种化。建立中药材种子、种苗质量检测中心，研究制定中药材种子、种苗质量标准，从中药材生产的源头把住质量关。

（二）加强中药材主要病虫害发生规律及无公害防治技术研究。重点研究道地中药材主要共性病虫害发生规律和防治技术，开展中药材病虫害生物防治技术研究与应用。

（三）加强药材规范化种植的技术推广，促进中药材产业的健康发展。只有在生产上有效推广中药材规范化栽培技术，才能保证药农按规范技术生产优质中药材。因此，要充分利用农业科研和推广部门的技术及人才等资源优势，实现资源整合和优势互补，加快药材规范化种植技术的推广应用，生产优质中药材。

（四）减少水土流失，优化生态环境，注重推广蓄雨纳墒技术。要进一步抓好平田整地，整修梯田，修边垒堺，变“三跑田”为“三保田”。

图书在版编目（CIP）数据

陵川县耕地地力评价与利用 / 贺玉柱主编．—北京：中国农业出版社，2012.7
ISBN 978-7-109-16968-5

Ⅰ.①陵…　Ⅱ.①贺…　Ⅲ.①耕作土壤-土壤肥力-土壤调查-陵川县②耕作土壤-土壤评价-陵川县　Ⅳ.①S159.225.4②S158

中国版本图书馆 CIP 数据核字（2012）第 158191 号

中国农业出版社出版
（北京市朝阳区农展馆北路 2 号）
（邮政编码 100125）
责任编辑　杨桂华

中国农业出版社印刷厂印刷　　新华书店北京发行所发行
2013 年 11 月第 1 版　　2013 年 11 月北京第 1 次印刷

开本：787mm×1092mm　1/16　　印张：9.75　　插页：1
字数：205 千字
定价：80.00 元

陵川县耕地地力等级图

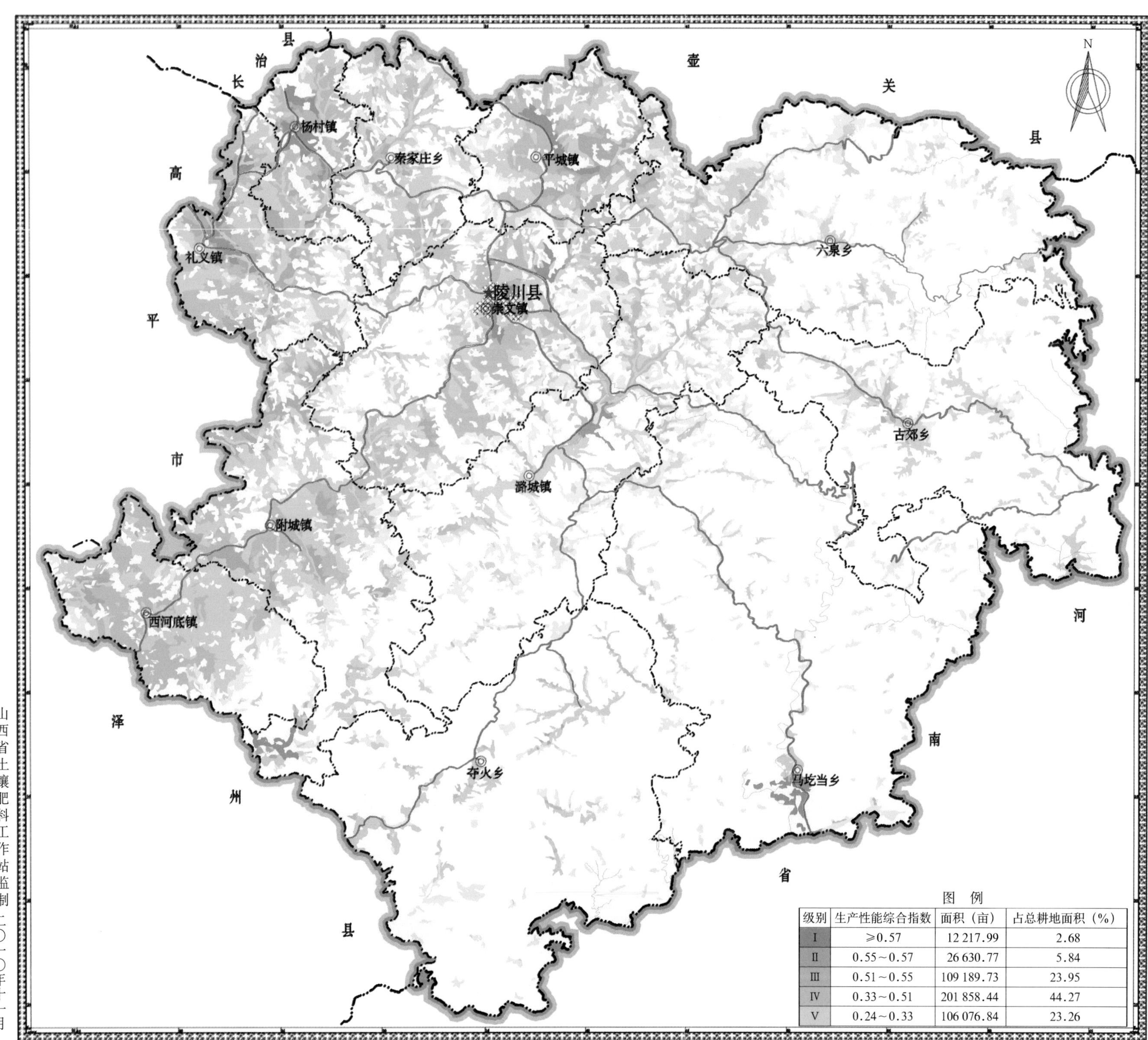

图 例

级别	生产性能综合指数	面积（亩）	占总耕地面积（%）
Ⅰ	≥0.57	12 217.99	2.68
Ⅱ	0.55～0.57	26 630.77	5.84
Ⅲ	0.51～0.55	109 189.73	23.95
Ⅳ	0.33～0.51	201 858.44	44.27
Ⅴ	0.24～0.33	106 076.84	23.26

山西省土壤肥料工作站监制
山西农业大学资源环境学院承制
二〇一〇年十一月

1954年北京坐标
1956年黄海高程
高斯-克吕格投影

比例尺：1：250 000

陵川县中低产田类型分布图

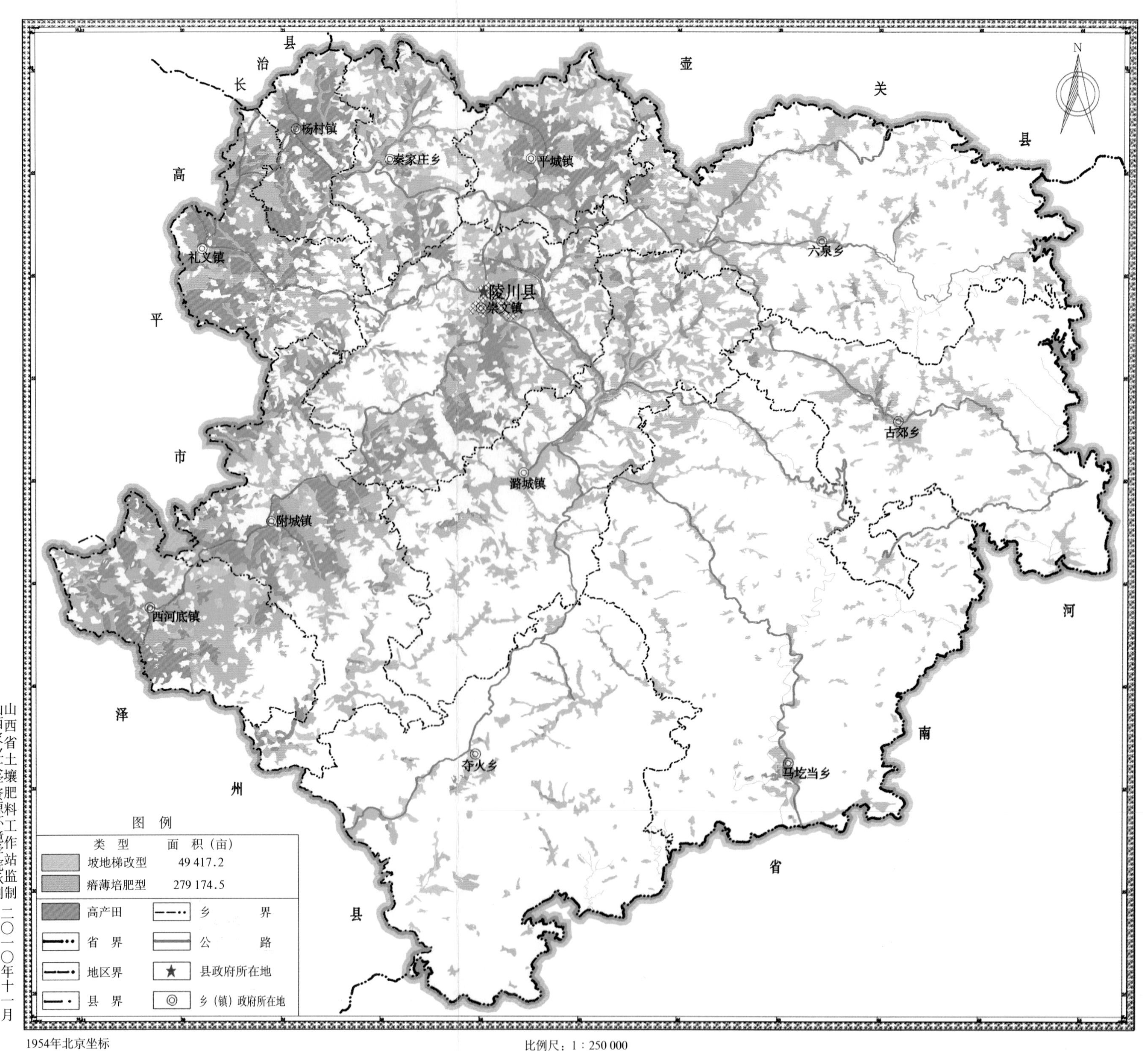

山西省土壤肥料工作站监制
山西农业大学资源环境学院承制
二〇一〇年十一月

1954年北京坐标
1956年黄海高程
高斯-克吕格投影

比例尺：1：250 000